A Gerstaecker

Bericht über die wissenschaftlichen Leistungen im Gebiete

der Myriopoden,

Arachniden und Crustaceen wärend d. J. 1867-68

A Gerstaecker

Bericht über die wissenschaftlichen Leistungen im Gebiete der Myriopoden, *Arachniden und Crustaceen wärend d. J. 1867-68*

ISBN/EAN: 9783743647299

Hergestellt in Europa, USA, Kanada, Australien, Japan

Cover: Foto ©berggeist007 / pixelio.de

Weitere Bücher finden Sie auf **www.hansebooks.com**

Bericht über die wissenschaftlichen Leistungen im Gebiete der Myriopoden, Arachniden und Crustaceen während d. J. 1867—68.

Von

Dr. A. Gerstaecker.

Eine wichtige Abhandlung von M. S a r s : „Fortsatte Bemaerkninger over det dyriske Livs Udbredning i Havets Dybder" (Vidensk.-Selskab. Forhandling. for 1868, p. 246 —275) enthält auf p. 259—262 die in einer Tiefe von 200—450 Faden an der Norwegischen Küste bis jetzt beobachteten Arachniden und Crustaceen verzeichnet. Erstere Classe ist nur durch einen Pantopoden (Nymphon), letztere durch 3 Cirripedien, 2 Copepoden, 17 Ostracoden, 21 Amphipoden, 17 Isopoden, 18 Cumaceen, 13 Schizopoden und 8 Decapoden repräsentirt. Am tiefsten (450 Faden) sind bis jetzt gefunden worden eine Ostracode: Cytherella abyssorum Sars und ein Schizopode: Pseudomma roseum Sars; die Mehrzahl der verzeichneten Arten hält sich in 250, sehr zahlreiche auch in 300 Faden Tiefe auf.

G r u b e gab in seinen „Mittheilungen über St. Vaast-la Hougue und seine Meeres-, besonders seine Anneliden-Fauna" (Separat-Abdruck aus den Abhandl. d. Schles. Gesellsch. f. vaterl. Cultur, 38 pag. in gr. 8. mit 1 Taf.) u. A. ein Verzeichniss der von ihm an der genannten Lokalität aufgefundenen und beobachteten Arachniden und Crustaceen, von welchen er einige zugleich als neu beschrieb. Von Arachniden werden 3 Pantopoden, von Crustaceen im Ganzen 35 Arten (13 Decapoden, 8 Amphipoden, 10 Isopoden, 2 Copepoden und 2 Cirripedien) aufgezählt.

Joseph (Bericht über die Thätigkeit der naturwiss. Sektion d. Schlesisch. Gesellsch. f. vaterl. Cultur im J. 1868, p. 22 ff.) besprach die in den Krainer Höhlen vorkommenden Arthropoden, deren Kenntniss er durch drei neue Entdeckungen bereichert. Zu den Glieder-spinnen kommt ausser einem neuen Obisium eine neue Gattung Cyphophthalmus (vgl. Phalangiidae!), zu den Amphipoden eine grosse neue Art der Gattung Niphargus aus einer Grotte in Unter-Krain. Für letztere schlägt Verf. den Namen Niph. orcinus vor.

Bilimek's „Fauna der Grotte Cacahuamilpa in Me-xiko" (Verhandl. d. zoolog. bot. Gesellsch. in Wien XVII. 1867, p. 901—908) enthält u. A. die Charakteristik von drei Arachniden und einem Isopoden.

Die bemerkenswerthesten in der Umgegend Tübin-gen's vorkommenden Crustaceen, Myriopoden und Arach-niden verzeichnete und besprach F. Leydig in seiner „Skizze zu einer Fauna Tubingensis" (Stuttgart, 1867. 46 pag. in 8.) p. 11—16.

L. Koch, Beschreibungen neuer Arachniden und Myriapoden (Verhandl. d. zoolog. botan. Gesellsch. in Wien XVII. 1867, p. 173—249). Die hier in ansehnlicher Zahl beschriebenen neuen Arten stammen aus Queensland in Australien (Brinsbane) und von den Samoa-Inseln (Upolu). Unter den Arachniden sind besonders reich die Arancinen, ausserdem auch die Arthrogastren und Acarinen ver-treten. Die Myriopoden gehören mit einer Ausnahme den Chilognathen an.

Derselbe, „Zur Arachniden- und Myriapoden-Fauna Süd-Europa's" (ebenda XVII. 1867, p. 857—900) machte eine grössere Anzahl Araneinen, Phalangiiden, Chilognathen und Chilopoden von Corfu, Syra, Tinos und Montenegro bekannt.

Meek and Worthen, Preliminary notice of a Scor-pion, a Eurypterus? and other fossils from the Coal-measures of Illinois (Silliman's Americ. Journal 2. scr. T. XLIV. 1868. p.19—28) machen vorläufige Mittheilungen über einige schon durch ihr hohes Alter interessanten Arthropoden aus den Steinkohlen-Lagern von Illinois, unter welchen

besonders ein den lebenden Arten nahe verwandter
Skorpion bemerkenswerth ist.

Die Reste eines Eurypterus-ähnlichen Krebses, dessen Thorax
bei zwei Zoll Länge 2,45 Zoll in der Breite misst, werden unter
dem Namen *Eurypterus Mazonensis* beschrieben; derselbe könnte
möglicher Weise zur Gattung Adelophthalmus Jord. gehören, vielleicht aber auch eine besondere neue Untergattung *Anthraconectes*
bilden. Ein zweites Crustaceum wird als *Ceratiocoris?* *sinuatus* bezeichnet. — Von dem als *Scorpio (Buthus?) carbonarius* aufgeführten Skorpion, für welchen, wenn er sich als generisch verschieden
herausstellen sollte, der Gattungsname *Eoscorpius* vorgeschlagen
wird, fehlen Augen und Palpen, indem der Cephalothorax unvollständig erhalten ist; von dem Cyclophthalmus Sternbergi der böhmischen Kohle weicht die scharfe Trennung von Abdomen und
Schwanz ab. — Endlich werden Reste von Gliederthieren mit zahlreichen Segmenten (75 bis 76 auf der Rückenseite und doppelt so
viele auf der Bauchseite) erwähnt, welche die beiden Verf. auf Myriopoden deuten. Ein Exemplar derselben misst 3,90 Zoll in der
Länge bei 0,20 Zoll Breite; andere werden nach Fragmenten auf
12 bis 15 Zoll berechnet. Die dafür aufgestellte neue Gattung wird
Euphoberia, die beiden präsumirten Arten *Euph. armigera* und
major genannt.

I. Myriopoden.

Hor. Wood, Descriptions of new species of Texan
Myriapoda (Proceed. acad. nat. scienc. of Philadelphia
1867, p. 42—44) machte vier neue, den Chilognathen und
Chilopoden angehörige Arten aus Texas bekannt.

Derselbe, Notes on a collection of California Myriapoda, with the descriptions of new Eastern species
(ebenda 1867, p. 127—130) gab eine Aufzählung von 13
auf zehn Gattungen vertheilten Californischen Myriopoden,
beiden Ordnungen angehörend, welche, so weit sie sich
als neu ergeben haben (sechs an Zahl), charakterisirt
werden.

J. Lubbock, On Pauropus, a new type of Cen-
tipede (Transact. Linnean soc. of London XXVI. p. 181
—190, tab. 10; im Auszuge auch: Journ. of the Linnean
soc., Zoology IX. 1868, p. 179 f., Annals of nat. hist.
3. ser. XIX. 1867, p. 8—10). In der erstgenannten, ausführlichen und durch Abbildungen erläuterten Abhand-

lung erörtert Verf. die wesentlichen Differenzen, welche
die schon im Jahresber. 1865—66. p. 151 erwähnte Gattung
Pauropus von den beiden Typen der Chilopoden und
Chilognathen erkennen lässt und begründet darauf ihre
Abtrennung nicht nur als Familie, sondern auch als eine
dritte, selbstständige Ordnung Pauropoda. Dass es sich
bei dieser durch auffallende Kleinheit (¹/₂₅ Zoll Länge)
bemerkenswerthen Gattung nicht etwa um eine Insekten-
larve handeln könne, weist Verf. aus der Entwickelungsgeschichte nach. Die jüngste Form ist mit drei, die
folgenden mit fünf, sechs, sieben und acht Beinpaaren
versehen, bis dann mit neun Paaren das geschlechtliche
Stadium hergestellt ist. Eine Entwickelungsform mit vier
Beinpaaren existirt nicht; vielmehr entwickelt sich die
mit fünf Paaren versehene direkt durch Häutung aus
der ersten.

Pauropus, nov. gen. Körpersegmente einschliesslich des
Kopfes nur zu zehn vorhanden, gewölbt, mit zerstreuten Borsten
bekleidet. Neun Beinpaare. Fühler fünfgliedrig, an der Spitze
zweitheilig und mit drei langen, mehrgliedrigen Anhängen versehen. — Zwei, in der Fühlerbildung von einander abweichende Arten: *Paur. Huxleyi* und *pedunculatus*, beide in England unter abgefallenem Laube, in Gesellschaft von Poduren aufgefunden.

A. Dohrn, *Julus Brassii*, nov. spec., ein Myriapode
aus der Steinkohlenformation (Verhandl. d. naturhist. Ver.
d. Preuss. Rheinlande XXV. 1868. p. 335 f., Taf. 6. fig. 2).
Die Art ist nach sechs (auch dem Ref. zur Ansicht vor-
gelegten) Exemplaren aus den Thoneisenstein-Gruben von
Lebach aufgestellt, aber in ihren Charakteren nicht näher
erörtert worden. Die Zahl der Körperringe wird auf
50 bis 56 geschätzt. (Dass oberhalb der Beine liegende
Eindrücke keine Stigmen sein können, hätte wohl als
bekannt vorausgesetzt werden können; die Stigmen von
Julus liegen in der Mitte der Bauchseite, zwischen dem
Ansatz der Beine. Ref.)

Chilognatha.

C. O. v. Porath, Bidrag till kännedom om Sveriges Myriapoder, Ordningen Diplopoda (Symbolae ad

monographiam Myriapodum Sueciae) Stockholm 1866. 8.
— Diese in der folgenden Arbeit erwähnte und berück-
sichtigte Schrift ist dem Ref. nicht aus eigener Ansicht
bekannt geworden.

Fr. Meinert, Danmarks Chilognather (Naturhist.
Tidsskr. 3. Raek. V. 1868. p. 1—32). Verf. giebt nach
einer kurzen Charakteristik der Ordnung im Allgemeinen
eine auf erneueten selbstständigen Untersuchungen beruhende Beschreibung der in Dänemark repräsentirten
Familien, Gattungen und Arten, unter welchen letzteren
sich eine Anzahl neuer befindet. Die Gattung Polyxenus
wird den übrigen Chilognathen wegen ihrer wesentlichen
Abweichungen als besondere Sektion gegenübergestellt;
die eigentlichen Chilognathen umfassen die drei Familien
Julidae mit den Gattungen Julus (11 A.), Blaniulus (2 A.)
und Isobates (1 A.), Polydesmidae· mit den Gattungen
Polydesmus (1 A.) und Craspedosoma (2 A.) und Glome-
ridae mit der Gattung Glomeris (1 A.)

Die elf von ihm aufgeführten und charakterisirten Julus-Arten
vertheilt Verf. unter zwei Sectionen: a) Lamina labialis stipite
dimidio longior. Mas articulo ultimo pedum primi paris un-
ciformi, pedibus secundi paris processu nullo vel brevissimo: Jul.
Londinensis Leach, luscus, n. A., pusillus Leach, foetidus Koch, sa-
bulosus Lin. (bilineatus Koch), Sjaelandicus n. A., silvarum (luridus
Por.), punctatus Leach, fallax (ferrugineus Por.). — b) Lamina labialis parte stipitis tertia brevior. Mas articulo ultimo pedum primi
paris minimo, conico, pedibus secundi paris 'processu longo: Jul.
terrestris Lin. (?) und rugifrons n. A. — In der Gattung Blaniulus
werden Blan. guttulatus Fab. (?) und venustus (pulchellus Koch),
unter Isobates eine Art beschrieben, deren' Identität mit Isob. se-
misulcatus Mengo dem Verf. zweifelhaft ist, welche er aber trotz-
dem mit diesem Namen belegt. Die übrigen Gattungen sind durch
die allgemein bekannten und verbreiteten Arten vertreten.

Polydesmus impurus, Julus caesius und diversipes als n. A.
aus Texas, letztere auch aus Illinois, von H. Wood (Proceed. acad.
nat. scienc. of Philadelphia 1867. p. 43 f.) beschrieben

Polydesmus dissectus Wood n. A. von Fort Tejon (ebenda
1867. p. 129).

Spirostreptus impresso-punctatus und maritimus, Strongylosoma
asperum, transversetaeniatum, rubripes und dubium Koch u. A. von
Brisbane (Verhandl. der zoolog.-botan. Gesellschaft XVII. 1867.
p. 248—248).

Lysiopetalum insculptum aus Montenegro und Dalmatien, *Lysiop. scabratum, ictericum, Erberi* und *Corycaeum* von Corfu als n. A. von Koch (ebenda XVII. 1867. p. 893—897) beschrieben.

Humbert, Observations sur les Gloméris (Rapport sur les travaux de la soc. de physique de Genève 1867. Annal. d. scienc. natur. 5. sér. Zool. VII. p. 379) beobachtete in der Umgegend Genfs die Begattung von Glomeris limbata und marmorea, welche bisher als einer und derselben Art angehörig betrachtet wurden, aber in beiden Sexus existiren. Die doppelten Appendices hinter dem letzten Beinpaar des Männchens sind die Copulationsorgane. Die kleine kuglige erdige Masse, welche die Glomeris-Eier einhüllt, wird vom Weibchen beim Eierlegen aus dem After (?) abgesondert und durch die Beine um das Ei befestigt.

Chilopoda.

Lucas (Bullet. soc. ent. 1868. p. 47) machte Mittheilung von dem Lebendiggebären einer (unbestimmten) Scolopendra aus dem Franz. Guyana. Ein Weibchen gebar vierzig Junge, welche 20 Mill. lang und mit der vollen Zahl der Körpersegmente und Fühlerglieder versehen waren. Verf. bestätigt hiermit die Angaben Gervais' über die Ovoviviparität der Gattung Scolopendra.

J. G. Palmberg, Bidrag till kännedom om Sveriges Myriapoder, Ordningen Chilopoda. (Symbolae ad monographiam Myriapodum Sueciae, Chilopoda) Stockholm, 1866. 8. — Ist dem Ref. nur dem Titel nach aus der folgenden Arbeit bekannt geworden.

Fr. Meinert, Danmarks Scolopendrer og Lithobier (Naturhist. Tidsskr. 3. Rack. V. 1868. p. 241—268). Verf. behandelt im Anschluss an die früher von ihm bearbeiteten Geophiliden hier die in Dänemark einheimischen Scolopendriden (nur eine der Gatt. Cryptops angehörende Art) und Lithobiiden, welche durch die Gattungen Lithobius (mit 10 Arten) und Lamyctes (mit 1 Art) vertreten sind. Diese beiden Gattungen stellt Verf. als Trib. Lithobiini der von Brandt als besondere Sektion Schizotarsia angesehenen Gattung Cermatia (Scutigera) gegenüber, welche letztere er als Trib. Scutigerini den Lithobiiden unterzuordnen vorschlägt.

Die einzige in Dänemark einheimische Cryptops-Art beschreibt

Verf. als *Crypt. agilis* n. A. — Der Auseinandersetzung der schwierigen Lithbbius-Arten schickt Verf. eine eingehende Besprechung der von L. Koch für ihre Feststellung verwendeten Merkmale voraus. Seine eigene Anordnung ist folgende: 1) Lamina dorsalis 9., 11., 13. angulis productis. a) Pedes anales ungue singulo armati: Lith. agilis Koch (?), bucculentus Koch (? = velox et venator Koch) und *intrepidus* n. A. — 2) Lamina dorsalis 9. angulis rectis, 11. et 13. angulis productis: *Lith. borealis* n. A. — 3) Lamina dorsalis 9., 11., 13. angulis rectis. a) Pedes anales ungue singulo armati: Lith. crassipes Koch. b) Pedes anales unguibus binis armati: Lith. erythrocephalus und calcaratus Koch, *microps* n. A. — Die neue Gattung *Lamyctes* (ob = Henicops Newp.?) unterscheidet sich von Lithobius durch die beiderseits sparsam gewimperte Oberlippe, durch die kleinen und sparsam beborsteten Maxillen des zweiten Paares, die nur aus einer Ocelle bestehenden Augen, die unbewehrten Beine, deren grössere Endklaue mit einer Borste besetzt ist und durch die drehrunde ungetheilte Klaue der weiblichen Geschlechtsorgane. — *Lam. fulvicornis* n. A.

Hor. Wood (Proceed. acad. nat. scienc. of Philadelphia 1867. p. 42) machte *Cermatia Lincecí* n. A. aus Texas, (ebenda p. 128 ff.) *Mecistocephalus quadratus, Strigamia gracilis* und *inermis, Cryptops asperipes* und *Lithobius bilabiatus* n. A. aus Californien bekannt.

Koch (Verhandl. d. zoolog.-botan. Gesellsch. zu Wien XVII. 1867. p. 248) *Cormocephalus brevispinatus* n. A. von Brinsbane (p. 897 ff.), *Henia minor, Lithobius pubescens, litoralis* und *nigripalpis* n. A. von Tinos.

2. Arachniden.

Eine Abhandlung von F. Dujardin, nach seinem Tode unter dem Titel „Mémoire sur les yeux simples ou stemmates des animaux articulés" in den Annal. d. scienc. natur. 5. sér. Zool. VII. p. 104—112 publicirt, beschäftigt sich mit dem Nachweis, dass in den einfachen Augen der Insekten und Arachniden keine besondere, hinter der Cornea liegende Brechungslinse (Joh. Müller) vorhanden, sondern dass die Linse eine innere, auf Schichtung beruhende Verdickung des äusseren Integumentes (Cornea) sei. (Verf. ist mithin durch seine Untersuchungen zu demselben Resultat gekommen, wie Leydig. Ref.)

Die während der Weltumsegelung der Schwedischen

Fregatte Eugenie gesammelten Arachniden hat T. Thorell zu bearbeiten begonnen. Die erste, im September
1868 ausgegebene Lieferung (Kongl. Svenska Fregatten
Eugenies Resa omkring Jorden, Zoologi. Arachnider,
Fasc. 1. p. 1—34) umfasst die Beschreibung der Araneinen
aus der Familie Epeiridae, welche Verf. der Mehrzahl
nach schon im J. 1860 durch vorläufige Diagnosen bekannt gemacht hatte. Einige nachträglich beschriebene
neue Gattungen und Arten sind an ihrem Ort aufgeführt.

G. Fritsch (das Insektenleben Süd-Afrika's, Berl.
Ent. Zeitschr. XI. 1867. p. 247 ff.) erwähnt u. A. auch
einige in Süd-Afrika häufiger, vorkommende Arachniden
(p. 249—252), über deren Lebensweise er Angaben macht.
Ausser zwei Mygale-Arten, von denen die eine unter
Steinen, die andere auf Gesträuch lebt, wird einer in
Häusern vorkommenden grossen Lycosa, einiger besonders
auffallenden Epeiriden, eines Galeodes und dreier Scorpio-
Arten gedacht.

v. Frauenfeld (Das Insektenleben zur See, Verh.
d. zoolog. bot. Gesellsch. zu Wien XVII. 1867. p. 434
u. 461 f.) führt u. A. auch sieben auf der Novara an Bord
beobachtete Arachniden: 1 Hyalomma, 1 Obisium, 1 Pholcus, 2 Rhipicephalus und 2 Theridium auf. Vier dieser
Arten werden als neu beschrieben.

Giebel, Zur Schweizerischen Spinnenfauna (Zeitschr. f. d. gesammt. Naturwiss. XXX. 1867. p. 425—443).
Verf. verzeichnet 32 sich auf 18 Gattungen vertheilende
Schweizerische Arten aus den Ordnungen der Araneinen
und Phalangiiden, bringt ergänzende Bemerkungen zur
Charakteristik der bereits bekannten bei und beschreibt
einige Araneinen als neu.

Die Araneinen gehören den Gattungen Epeira (6), Zilla (3),
Theridium (9), Linyphia (2), Tegenaria (1), Pythonissa (1), Clubiona (1), Thomisus (2), Thanatos (1), Sparassus (1), Ocyale (1), Leimonia (1), Pardosa (2), Trochosa (1) und Calliethera (1), die Phalangier den Gattungen Opilio (3), Cerastoma (2) und Leiobunum (1) an.

A. Ausserer, Die Arachniden Tyrols nach ihrer
horizontalen und vertikalen Verbreitung, I. (Verh. d.

zoolog. botan. Gesellsch. XVII. 1867. p. 137—169, Taf. 7 u. 8). Verf. verzeichnet in diesem faunistischen Beitrag hauptsächlich die von ihm für die Innsbrucker Umgegend durch zweijähriges Sammeln festgestellten Arachniden, berücksichtigt jedoch nebenher auch die aus Südtyrol bekannt gewordenen Arten. Die sich auf die Ordnungen der Araneinen, Phalangiiden und Pedipalpen erstreckende Aufzählung weist im Ganzen 233 Arten für Tyrol auf. Die bisher wenig untersuchten Alpen, welche bei 4000 —5000' Höhe einen eigenthümlichen Charakter der Arachniden-Fauna zu zeigen beginnen, stellen zu dieser Aufzählung nur ein geringes Contingent; doch ist bemerkenswerth, dass einzelne Arten dieser Region, wie Philix sanguinolenta Lin., Xysticus morio Koch, Scorpio Italicus Koch und Euophrys lineata Koch mit südeuropäischen und selbst nordafrikanischen identisch sind. Dem Verzeichniss folgt die durch Abbildungen illustrirte Beschreibung von sieben neuen, in Tyrol aufgefundenen Arten.

Die Ordnung der Araneiden ist durch folgende Gattungen vertreten: Mygalidae: Atypus 1 A. — Filistatidae: Filistata 1 A. — Dysderidae: Segestria 2, Dysdera 2 A. — Drassidae: Pythonissa 7, Micaria 8, Drassus 6, Melanophora 4, Anyphaena 1, Phrurolithus 2, Cheiracanthium 4, Clubiona 4, Liocranum 1, Agroeca 1, Zora 1 A. — Theridiidae: Tapinopa 1, Pachygnatha 2, Ero 1, Theridium 15, Episinus 1, Erigone 11, Linyphia 22 A. — Epeiridae: Meta 5, Zilla 2, Singa 3, Epeira 20, Atea 8, Nephila 1, Tetragnatha 1, Uloborus 1 A. — Agelenidae: Mithras 1, Dictyna 2, Amaurobius 4, Coelotes 1, Apostenus 1, Hahnia 1, Textrix 2, Agelena 2, Pholcus 1, Tegenaria 5, Argyroneta 1 A. — Lycosidae: Ocyale 1, Dolomedes 1, Trochosa 2, Tarantula 7, Aulonia 1, Leimonia 5, Pardosa 4, Sphasus 2 A. — Attidae: Pyrophorus 1, Heliophanus 5, Calliethera 2, Philia 1, Marpissa 2, Icelus 1, Dendryphantes 3, Euophrys 11, Attus 8 A. — Thomisidae: Sparassus 2, Philodromus 7, Thomisus 8, Xysticus 13 A.

In der Ordnung der Arthrogastra werden verzeichnet: A. Phalangiidae: Opilionina: Egaenus 1, Platybunus 2, Acantholophus 2, Platylophus 2, Cerastoma 1, Opilio 11, Leiobunum 2, Nemastoma 5 A. — Trogulidae: Trogulus 8 A. — B. Scorpionidae: Scorpio 2 A.

Arthrogastra.

Krohn, Ueber die Anwesenheit zweier Drüsensäcke im Cephalothorax der Phalangiiden (Archiv f. Naturgesch. XXXIII. 1867. p. 79—83), ins Englische übersetzt:
On the presence of two glandular sacs in the cephalothorax of the Phalangiidae (Annals of nat. hist. 4. ser. II.
1868. p. 87—90). — Die beiden schon von Latreille
gekannten, seitlich vom Rückenschilde der Phalangier
gelegenen Oeffnungen führen durch einen kurzen Canal
in einen (von Treviranus irrthümlich als Auge ge-
deuteten) Drüsensack, welcher zuweilen ziegelroth oder
braun pigmentirt ist. Derselbe besteht aus einer sehr
zarten, von Tracheen-Verzweigungen umsponnenen Tu-
nica propria, einem aus secernirenden Zellen zusammengesetzten Epithel und einer die Höhle des Sackes begren-
zenden, durchsichtigen, fein gefaltenen Intima. Jede Zelle
scheint durch ein äusserst feines Ausführungs-Canälchen
mit der Intima im Zusammenhang zu stehen und enthält
ausser einer feinkörnigen Substanz einen rundlichen Kern.
Wo der Sack pigmentirt ist (Cerastoma cornutum, Phalangium parietinum) liegt das körnige Pigment zwischen
der Zellenschicht und der Intima. Das Sekret dieser
Drüsensäcke betreffend, so fand Verf. in dem Sack theils
kleine krystallinische Ablagerungen von strohgelber Farbe
und von der Form rhombischer Täfelchen — in einem
Fall einen grösseren Crystall von Oktaëder-Form —,
theils (Leiobunum) eine milchweisse Flüssigkeit, welche
sich unter dem Mikroskop als aus farblosen Fetttröpfchen
bestehend ergab.

Scorpiodea. Guyon, Sur un phénomène produit par la pi-
qûre du scorpion (Compt. rendus 20. Mai 1867. Rev. et Magas. de
Zool. 2. sér. XIX. p. 295 f.). Verf. beobachtete in drei Fällen von
Skorpionsstichen bei Knaben in Algier eine vollständige Turgescenz
des Geschlechtsgliedes, welche auch nach dem Tode anhielt. Bei
Thieren, welche von Skorpionen gestochen worden waren, ist bereits früher dieselbe Erscheinung constatirt worden. — Ausserdem
giebt Guyon eine interessante Statistik über die durch Skorpions-
stiche verursachten Mortalitätsverhältnisse zu Durango in Mexiko.
Unter einer Bevölkerung von 15—16,000 Seelen sollen jährlich

200—250 Kinder daran zu Grunde gehen. Die Kinder werden zum
Fangen des Scorpions bei Nacht mit Fackeln angehalten und sind
daher dem Stich leicht ausgesetzt. Die Häufigkeit des Scorpions ist
in Durango so gross, dass während der drei heissen Monate eines
Jahres 80—100,000 Exemplare gefangen werden. Der Ortsvorstand
zahlt für das Dutzend 80 Centimes. Die Aïssaua's (eine Völker-
schaft) werden vom Skorpion häufig in den Kopf gestochen, weil
sie die Gewohnheit haben, ihn, wenn sie kein Gefäss zur Hand haben, in ihr Haar zu setzen. Sie essen die Skorpione in Menge
und zwar fangen sie beim Kopfende an, indem sie das Endglied des
Schwanzes zwischen Daumen und Zeigefinger fassen.

   Rich. Hill, Notes on the natural history of the Scorpion (Annals of the Lyceum of nat. hist. of New-York VIII. 1867. p. 387—393)
und Additional note on the natural history of the Scorpion (ebenda
p. 486). — Verf. diskutirt die von Dufour, Marcel de Serres,
Réaumur u. A. gemachten Angaben über die Nahrung, die Fähigkeit zu fasten, die Geburt der Jungen, über ihren Aufenthalt auf
dem Körper der Mutter u. s. w. und fügt denselben eigene und
von H. Krebs ihm mitgetheilte Beobachtungen hinzu. Nach des
Letzteren Angabe werden die Jungen in Zwischenräumen geboren,
da die vorn auf dem Körper der Mutter sitzenden bedeutend grösser sind als die hinterwärts vorhandenen. Die Jungen gehen ihre
erste Häutung auf dem Körper der Mutter ein, verlassen denselben
aber wahrscheinlich bald nach dieser. Der Westindische Scorpion
lässt von den Blattinen, welche ihm zur Nahrung dienen, nur die
Flügel übrig.

   Koch (Verhandl. d. zoolog.-botan. Gesellsch. zu Wien XVII.
1867. p. 233—240) machte *Opistophthalmus calvus* n. A. Südafrika,
Telegonus politus und *lunatus* n. A. Südamerika, *Ischnurus caudicula*
n. A. Brisbane, *Lychas melanodactylus* n. A. ebendaher, bekannt.

   Pseudoscorpiones. Leydig fand bei Tübingen den Chelifer
cancroides Lin. mehrmals schmarotzend an Phalangium opilio, einen
Amerikanischen Chelifer am Hinterleib von Acrocinus longimanus
(Skizze zu einer Fauna Tubingensis p. 16).

   Hagen (Proceed. Boston soc. of nat. hist. XI. p. 323) brachte
von Neuem das Vorkommen der Chelifer-Arten auf dem Körper von
Insekten zur Sprache und schliesst sich der Ansicht an, dass die be-
treffenden Individuen damit eine Ortsveränderung bezwecken.
Zwei neuerdings beobachtete Fälle betreffen eine Fliege und einen
Alaus oculatus. Verf. zählt bei dieser Gelegenheit zugleich die aus
Amerika bis jetzt bekannt gewordenen Chelifer-Arten auf.

   Obisium longicolle Frauenfeld (Verhandl. d. zoolog.-botan.
Gesellsch. XVII. 1867. p. 461) als n. A. beschrieben, an Bord der
Novara bei den Nicobaren gefunden.

Phrynidae. *Phrynus Mexicanus* B i l i m e k (Verhandl. d. zoolog.-botan. Gesellsch. zu Wien XVII. 1867. p. 905) n. A. aus der Höhle Cacahuamilpa in Mexiko.

Phrynus Australianus K o c h (ebenda XVII. p. 231) n. A. von Upolu.

Phalangiidae. G. J o s e p h , Cyphopbthalmus duricorius, eine neue Arachniden-Gattung aus einer neuen Familie der Arthrogastren-Ordnung. entdeckt in der Luëger Grotte in Krain (Berl. Ent. Zeitschr. XII. p. 241—250. Taf. 1) nebst Nachtrag zu dieser Beschreibung (ebenda p. 270—272). Die vom Verf. beschriebene und abgebildete neue Gattung *Cyphophthalmus* steht (nach einem dem Ref. zur Ansicht vorliegenden Exemplar) in nächster Verwandtschaft mit Trogulus, von welcher sie sich durch den stärker entwickelten Cephalothorax, die zur Seite gerückten und auf einem hervorspringenden Höcker liegenden Augen, die längeren Taster und Scheerenfühler, die Gliederung der Beine und des Hinterleibes unterscheidet. An den Beinen ist der Schenkeltheil kurz, der auf die zweitheilige Schiene folgende Tarsus zweigliedrig, mit kurzem Basal- und langgestrecktem Endgliede; der ovale Hinterleib ist achtringlig. (Die nichts weniger als naturgetreue Abbildung des Thieres giebt z. B. von der Bildung des Cephalothorax eine ganz unrichtige Vorstellung; ebenso wenig ist die Charakteristik in allen Punkten correkt). Die Art: *Cyph. duricorius,* 2 Mill. lang, findet sich in den Krainer Grotten am Eingang unter abgefallenem Laub in Gesellschaft von Trogulus, Obisium, Poduren u. s. w. (Verf. will auf die Gattung eine besondere Familie Cyphophthalmidae gründen, deren Charaktere mit denjenigen der Gattung zusammenfallen.)

Acantholophus Helleri, Nemastoma dentipalpis und *Trogulus perforaticeps* als n. A. aus Tyrol von Ausserer (Verhandl. d. zoolog.-botan. Ges. zu Wien XVII. 1867. p. 167 ff., Taf. 8) beschrieben und abgebildet.

Trogulus opilionoides n. A. Corfu, *Platylophus strigosus* n. A. Montenegro, *Acantholophus annulipes* n. A. Montenegro, *Opilio molluscus* n. A. Montenegro, *Opilio laevigatus* und *praefectus* n. A. Syra, *Opilio pristes* n. A. Corfu, . *Op. instratus* und *vorax* n. A. Syra, *Nemastoma globuliferum* n. A. Syra, von K o c h (ebenda XVII. 1867. p. 883—893) beschrieben.

Trogulus nepaeformis Latr. und eine zweite Art der Gattung fand L e y d i g (Skizze zu einer Fauna Tubingensis p. 15) unter feucht liegenden Steinen bei Tübingen.

Araneina.

Eine umfang- und inhaltreiche Abhandlung von F.

P l a t e a u, Observations sur l'Argyronète aquatique
(Bullet. de l'acad. de Belgique 2. sér. XXIII. 1867. p. 96
—125. avec 1 pl., Annal. d. scienc. natur. 5. sér. Zool. VII.
1867. p. 345—368. pl. 1), im Auszuge: Rev. et Magas. de
Zoolog. 2. sér. XIX. 1867. p. 155 f. und „Observations
on Argyroneta aquatica" (Annals of nat. hist. 3. ser. XIX.
1867. p. 283—286) enthält neben mannigfachen interessanten Beobachtungen über die Lebensweise, den Kunst-
trieb, die Fortpflanzung u. s. w. der genannten merkwür-
digen Wasserspinne auch eine eingehende Darstellung
ihrer Entwickelung im Ei, welche nach den Angaben
des Verf.'s mehrfache Eigenthümlichkeiten erkennen lässt.
Die von einem glatten Chorion umgebenen, mehr ovalen
als kugligen Ovarial-Eier lassen an der Oberfläche des
Dotters den hellen Keimfleck, an der Seite desselben
aber nicht den bei Tegenaria, Lycosa, Salticus und Thomisus beobachteten dunkeln Körper erkennen. Der aus
gelben Kernen in verschiedener Zahl (bis zehn) bestehende
Keimfleck verschwindet schon sehr früh, bei einer Grösse
des Eies von ⅓ Mill. Durchmesser. Die um diese Zeit
unter oberflächlicher Dotterklüftung auftretende Keim-
scheibe wächst sehr schnell zur Keimhaut aus, welche
den ganzen Dotter schon bei ⅔ Mill. Durchmesser des
Eies umgiebt. Die volle Grösse von 1 Mill. Durchmesser
erreicht das Ei im Ovarium im Verlauf von fast einem
Monat. Die Entwickelung des Embryo in den vom Weibchen abgesetzten Eiern nimmt zuerst einen sehr rapiden
Verlauf. Auf der einen Seite der Keimhaut zeigt sich
eine Reihe grosser, dunklerer Zellen, welche von einem
Pol bis zum anderen reicht und die erste Anlage der
Bauchseite des Embryo darstellt. Mit der Zeit sondert
sich dieser Längsstreifen in fünf Querbänder, welche
sich ihrerseits in der Mitte theilen und so zwei parallele
Reihen mit je fünf wulstigen Auftreibungen darstellen.
Indem dieselben schlauchförmig auswachsen und sich
gegen einander neigen, bilden sie mit der Zeit die Anlage der vier Beinpaare und der Taster, welche bereits
nach 15 bis 20 Stunden deutlich hervortritt. Noch bevor
diese die Grundlage der Gliedmassen bildenden Höcker

sich zu verlängern beginnen, legt sich der Kopftheil der
Spinne mit den Kieferfühlern und Maxillen an, sodann
in gerader Linie von diesem bis zum hinteren Ende des
Embryo der Darmkanal. Der ganze Aufbau des jungen
Thieres bis zum Verlassen der Eihülle erfordert acht bis
zehn Tage; aber auch dann ist dasselbe noch in mehr-
facher Beziehung unvollkommen ausgebildet. Die Beine
entbehren abgesehen von der Hüfte und dem Trochanter,
noch der Gelenke, die Tarsen der Endklauen, die Körper-
oberfläche der Behaarung. Die Kieferfühler und Maxillen
sind noch mit einer Haut überzogen, erstere unbeweglich
und eingeschlagen. Die Haut ist so durchsichtig, dass
man alle inneren Organe und die Blutcirculation wahr-
nehmen kann; das Herz lässt 85 bis 90 Schläge in der
Minute erkennen.

Zur Ablage der Eier fertigt das Argyroneta-Weibchen bekanntlich ausser dem von ihm selbst bewohnten Cocon noch einen
eigenen, über die Oberfläche des Wassers hinausragenden glocken-
förmigen Behälter an, welcher in zwei Kammern getheilt ist; während es auf den Boden der oberen die Eier absetzt, begiebt es sich
selbst zum Schutz derselben in die untere. Aus den Eiern hervor-
gegangen, verbleiben die jungen Argyroneten noch längere Zeit,
bis zu einer Woche, in der oberen Kammer. Sie verlassen den Cocon bei $2\frac{1}{2}$ Mill. Länge, nachdem sie allmählich eine dunkelgraue
Färbung angenommen haben. Jede derselben beginnt nun einen
eigenen lufthaltigen Cocon von 3 bis 4 Mill. Durchmesser und aus
einem fast unsichtbaren Gewebe bestehend, anzufertigen. Das
Wachsthum geht sehr langsam vor sich; $1\frac{1}{2}$ Monate nach dem Verlassen des mütterlichen Cocons sind sie erst 3 Mill. larg und die
Fussklauen erscheinen erst 14 Tage nach jener Zeit. — Ausser dieser Entwickelung behandelt Verf. eingehend die Anlage des lufthaltigen Cocons unter der Oberfläche des Wassers und die Art
der Respiration. Er weist durch Experimente nach, dass das An-
haften einer Luftschicht an der Bauchseite der Spinne nicht auf
der Absonderung eines Fettes oder Firnisses (nach Lignac und
Latreille), sondern allein auf der dicht gedrängten kurzen, seidi-
gen Behaarung an der Unterseite des Cephalothorax und Abdomen
beruhe. Um den Cocon mit neuer Luft zu füllen, schwimmt die
Spinne rücklings bis an die Oberfläche des Wassers, hebt den Hinterleib über dieselbe hervor, nimmt so Luft an die Bauchseite des
letzteren und zugleich an die Innenseite der Hinterschenkel auf und
schwimmt nun mit Hülfe der drei vorderen Beinpaare zum Cocon

zurück. Durch Anpressen der Hinterschenkel an den Bauch scheint sie die Luft in das Innere des Cocons hinein abzustreifen; wenigstens findet sich bei ihrem abermaligen Verlassen desselben zwischen beiden keine deutliche Luftschicht mehr vor.

Kehrer theilte in seinen „Studien über das Ausschlüpfen der Thierembryonen aus ihren Eihüllen" (12. Bericht d. Oberhessisch. Gesellsch. f. Natur- und Heilkunde, Giessen 1867. p. 72—107. Taf. 2) eine Beobachtung über das Ausschlüpfen der jungen Micrommata aus dem Eie mit, welche von denjenigen de Geer's und Herold's darin abweicht, dass das Chorion nicht an der Rückenseite längs des Cephalothorax, sondern an der Bauchseite, auf der Grenze zwischen Cephalothorax und Abdomen oder in der Gegend der hinteren Beinpaare berstete. Dem Einreissen gingen wiederholte Streckungen der beiden Körperabschnitte und eine Bewegung der Beine voraus. Durch die hervortretenden Beine wird das Chorion zuerst von diesen weggedrängt und dann über den Cephalothorax zurückgeschoben, so dass es zuletzt nur noch das Abdomen umhüllt. Verf. hat diesen Vorgang an zahlreichen Individuen in stets übereinstimmender Weise beobachtet.

O. Herman, Ueber das Sexualorgan der Epeira quadrata Walck. (Verhandl. d. zool. botan. Ges. zu Wien XVIII. 1868. p. 923—930). Verf. bestreitet die Existenz der von den Autoren an den Bauch der männlichen Spinnen verlegten doppelten Geschlechtsöffnung (analog der weiblichen), von deren Mangel er sich überzeugt zu haben meint. Er sieht die männlichen Taster für wirkliche Copulationsorgane an, in welche die männlichen Samenausführungsgänge direkt, durch den Hinterleibsstiel und den Cephalothorax hindurch, einmünden. Drücke man den männlichen Hinterleib zur Zeit der Begattung auch nur leicht, so bewirke dies eine Erektion der Taster und ein Hervortreten des in ihnen befindlichen complicirten Apparates. (Letzteren bildet Verf. von Epeira quadrata in zweifacher Ansicht ab.)

Buchholz und Landois, Anatomische Untersuchungen über den Bau der Aranciden. 1. Ueber den Spinnapparat von Epeira diadema (Archiv f. Anat. u.

Physiol. Jahrg. 1868. p. 240—254. Taf. 7 u. 8a). Den Angaben von H. Meckel und Oeffinger entgegen unterscheiden die beiden Verf. nur drei (nicht fünf) Arten von Spinndrüsen bei Epeira diadema, nämlich ausser den allgemein bekannten birnförmigen (Glandulae aciniformes Meck.), welche mit ihrem Ausführungsgang je in einen Spinnstift des Spinnfeldes ausmünden, nur cylindrische und baumförmige. Von den cylindrischen Drüsen, welche zu vier (nicht, wie Meckel angiebt, zu sechs) Paaren vorhanden sind, lassen sich die Glandulae ampullaceae Meckel's nicht trennen: der Unterschied beider beruht nur auf einer stärkeren oder geringeren Anfüllung mit Spinnsubstanz und ist in Folge dessen auch nicht constant. Die baumförmigen Drüsen (Gland. aggregatae Meck.) sind jederseits zu fünf (nicht zu zweien, nach Meckel) vorhanden, während die von Meckel angegebene „knollige Drüse" nach den Untersuchungen der beiden Verf. überhaupt nicht existirt. Sowohl von diesen verschiedenen Arten der Spinndrüsen wie von den Spinnwarzen und ihren einzelnen Theilen (Spinnröhren, Spinnzapfen) geben die beiden Verf. eine nähere Charakteristik, welche von den Angaben Meckel's und Oeffinger's mehrfach abweicht.

J. Blackwall, Remarks on the Falces and Maxillae of Spiders (Annals of nat. hist. 3. ser. XIX. p. 258—259. pl. 10. fig. 1—3). Verf. widerlegt die Ansicht, wonach die Araneinen aus der Mygale-Gruppe der sonst bei den Spinnen an der Innenseite des Basalgliedes der Maxillen (Taster) vorkommenden Cutikular-Anhänge in Form von Zähnchen oder Dörnchen entbehren. Wenigstens fand er bei Mygale ursina und zebra, bei Cteniza nidulans und Atypus Sulzeri am Basalglied der Maxillen, bei Mygale ursina auch vor der Spitze der Unterlippe eine Struktur, welche für jene Bedornung eine Art Ersatz gewährt. Dieselbe besteht in zahlreichen, kurzen schuppenartigen Dörnchen, welche zu einem Felde von verschiedener Form und Ausdehnung (je nach den Arten) vereinigt sind und sich an der Maxille von Mygale zebra in eine Reihe S-förmig geschwungener Reifen fortsetzen.

Researches and experiments upon silk from Spiders and upon their reproduction by Raymond Maria de Termeger, a Spaniard. Translated from the Italian, revised by B. S. Wilder. (Proceed. of the Essex Institute V. 1866—67. p. 51—79).

Terby, Observations sur le procédé qu'emploient les Araignées pour relier des points éloignés par un fil (Bullet. de l'acad. de Belgique 2. sér. XXIII. 1867. p. 274 —298. avec pl. — Annal. d. scienc. natur. 5. sér. Zool. IX. 1868. p. 72—89. pl. 1. fig. 8—12). Aus einer Reihe von Versuchen, welche Verf. mit Nuctobia callophyla (?), Epeira diadema und Tetragnatha extensa anstellte, und welche er ausführlich beschreibt, zieht er den Schluss, dass diese Spinnen, wenn sie, nachdem sie sich an einem Faden herabgelassen haben, einem (natürlichen oder künstlich hergestellten) Luftstrom ausgesetzt werden, sofort einen freien, in der Richtung dieses Luftstromes flottirenden Faden absondern. Sie können einen solchen aber auch erzeugen, ohne sich aufzuhängen, indem sie dann die Spitze des Hinterleibes von dem Gegenstand, auf welchem sie sich befinden, emporheben. Es steht im Belieben der Spinne, das Ende dieses flottirenden Fadens entweder an einen anderen Gegenstand oder an einen Punkt des Aufhängefadens zu befestigen, im letzteren Fall also eine Schlinge herzustellen; sie bringt dabei ihren Körper in eine bestimmte Richtung und hilft ausserdem mit dem letzten Beinpaare nach. Die oft bis zu einer sehr bedeutenden Länge gesteigerte Ausdehnung des flottirenden Fadens wird gleichfalls durch den Luftstrom bewirkt. Verf. vermuthet, dass diese flottirenden Fäden aus anderen Spinndrüsen abgesondert werden, als welche den Aufhängefaden liefern.

Schiner, Ueber Spinnen (Verh. d. zoolog. bot. Gesellsch. zu Wien XVIII. 1868. p. 916 ff.) theilte eine an Epeira pyramidata Clerk gemachte Beobachtung mit, aus welcher ihm hervorzugehen scheint, dass die Spinnen ihre Fäden nicht ausschiessen, sondern ein ganzes Bündel solcher aus dem Leibe pressen, um sie nachher durch den Luftzug auseinanderzerren zu lassen. Aus dem ma-

schenartigen Bündel sollen sich von allen Seiten her
Fäden loslösen, welche beim Herumflattern in der Luft
sich an feste Gegenstände anheften. Verf. glaubt, dass
auf diesen Fadenbündeln auch der sogenannte fliegende
Sommer beruht. — An demselben Faden, an welchem
das Netz einer Epeira patagiata Koch angeheftet war,
fand Verf. noch zwei kleine, offenbar einer anderen Art
angehörende Netze. (Letztere Beobachtung ist schon von
Vinson mitgetheilt; nach diesem sind es Linyphia-Arten,
welche ihr Netz an den Brückenfäden der Epeiren auf-
hängen. Ref.)

Ausserer, Beobachtungen über Lebensweise, Fort
pflanzung und Entwickelung der Spinnen (Zeitschr. d.
Ferdinandeum zu Innsbruck, 3. Folge, Heft XIII. p. 181
—209). Hat dem Ref. nicht zur Einsicht vorgelegen.

v. Kempelen, Bemerkungen über Spinnen im Allgemeinen und eine Untersuchung von Drassus lapidicola
insbesondere (Verh. d. zool. botan. Gesellsch. zu Wien
XVII. 1867. p. 545—550). Verf. macht auf die Nothwendigkeit, bei der Beschreibung von Spinnen das Alter der
Individuen und die Art ihrer Conservation (getrocknet
oder in Weingeist) speciell hervorzuheben, aufmerksam.
Für Drassus lapidicola hebt er die Form- und Färbungs-
Unterschiede ausgewachsener und jugendlicher Individuen hervor.

Emerton, The habits of Spiders (American Na-
turalist Vol. II. 1868. p. 476—481. pl. 11) gab eine populär
abgefasste Beschreibung der Epeira vulgaris Hentz und
ihrer Lebensweise, Fortpflanzung u. s. w.

Wyman (Proceed. Boston soc. of nat. hist. XI.
p. 287) beobachtete eine weibliche Epeira, welche hinter-
einander fünf Männchen ihrer eigenen Art in ihrem Netz
tödtete und aussog.

Lucas (Bullet. soc. entom. 1868. p. 19) machte Mittheilungen über die Häutungen und die Wachsthumsver-
hältnisse einer schon seit vier Jahren im Jardin des
plantes lebend erhaltenen Mygale bicolor. Die Häutung
fand regelmässig einmal im Jahre statt; ihr Körper ist
gegenwärtig 85, ihr Cephalothorax 32 Mill. lang.

Hentz, Supplement to the descriptions and figures of the Araneides of the United States, edited by S. Scudder (Proceed. Boston soc. of nat. hist. XI. p. 103—111. with 2 pl.). Dieser Nachtrag beschränkt sich auf kurze ergänzende Bemerkungen zu mehreren vom Verf. früher beschriebenen Arten und liefert für viele derselben nachträglich Abbildungen der Augenstellung und der Kiefer, für einige auch Darstellungen von Netzen.

Nach einer Notiz in Revue et Magas. de Zoologie 2. sér. XIX. p. 376 sind von de Brito Capello im Jornal de Sciencias der Akad. d. Wissensch. zu Lissabon einige neue und weniger bekannte Araneinen der Westküste Afrika's bekannt gemacht und durch Abbildungen erläutert worden:

- *Epeira Angolensis* n. A., Argyope sericea auct. mit ihren Varietäten, Argyope flavicollis Lucas, Nephila Aubryi Luc., *Thomisus Bragantinus* n. A. und *Tetragnatha Cabindae* n. A.

Blackwall, Descriptions of several species of East-Indian Spiders apparently new or little known to Arachnologists (Annals of nat. hist. 3. ser. XIX. p. 387—394). Die vom Verf. charakterisirten Arten stammen aus Nord-Indien (Meerut, Agra und Delhi); es sind folgende:

Lycosa Greenalliae, Salticus biguttatus und *candidus, Sparassus striatus, Drassus delicatus, Pholcus Lyoni.* Auch Artema convexa Blackw. war in der Sammlung vertreten.

Derselbe, Notes on Spiders, with descriptions of several species supposed to be new to Arachnologists (ebenda 3. ser. XIX. p. 202—213). Die theils neuen, theils bereits bekannten Arten verschiedener Gegenden, welche in dieser Abhandlung beschrieben werden, sind folgende:

Filistata distincta n. A. Jamaica, Lycosa ingens Blackw. mas, *Salticus diligens, vafer, catus, sublestus* und *vigilans* n. A. von Madera, *Philodromus ambiguus* (pallidus Blackw., nec Walck.) und *Drassus Collingsiae* n. A. aus England. Ausserdem werden Veleda pallens Blackw., Theridion triste Hahn, grossum Walck., Latrodectus Erebus und Segestria perfida in ihrer Lebensweise, nach ihren Altersstufen, in ihrer Synonymie u. s. w. nochmals erörtert.

Derselbe, Notice of several Spiders supposed to

be new or little known to Arachnologists (ebenda 4. ser. II. 1868. p. 403—410).

Salticus diversus n. A. Bermuda-Inseln, *Thomisus pallens* n. A. ebendaher, *Tom. Gloveri* n. A. England, *Clotho Paivani* n. A. Teneriffa. — Der Name von Sphasus pulchellus Blackw. wird, als schon vergeben, in *Sphas. ornatus* abgeändert; Drassus Bewickii Blackw. wird nach dem Männchen beschrieben.

Drassus pallidipalpis und *Pholcus cordatus* Bilimek (Verh. d. zoolog.-botan. Gesellsch. zu Wien XVII. 1867. p. 906 f.) n. A. aus der Höhle Cacahuamilpa in Mexiko.

Theridium piligerum Frauenfeld (ebenda XVII. 1867. p. 462) n. A. bei den Nicobaren, an Bord der Novara, gefunden.

Nephila sexpunctata Giebel (Zeitschr. f. d. gesammt. Naturwiss. XXX. 1867. p. 325) n. A. von Mendoza.

Thorell (Eugenies Reise omkring Jorden, Arachnider Fasc. 1) charakterisirte als neue Gattungen und Arten aus der Familie Epeiridae: *Celaenia* nov. gen., durch den verkehrt herzförmigen Cephalothorax, dessen Kopftheil klein, der hintere dagegen gross und höher gewölbt ist, ferner und besonders durch die beiden vorderen Beinpaare ausgezeichnet, welche mit ungleichen oberen Endklauen, deren äussere viel länger und nicht gekämmt, versehen sind und gleichsam Raubbeine darstellen. Hinterleib sehr gross, dick, quer, dünnhäutig. — Art: *Cel. Kinbergi* von Sidney. — *Caerostris* nov. gen., auf Epeira mitralis Vins. begründet, zwischen Epeira und Gasteracantha die Mitte haltend, mit drei neuen Arten: *Caer. Keyserlingii, Wahlbergii* und *Vinsonii* aus dem Caffernlande. — *Penisa* nov. gen., von Gasteracantha durch den vorn nicht erhabenen Cephalothorax, von *Cyrtarachne* (neue Benennung für Cyrtogaster Keys.) durch den unbewehrten Hinterleib und den Cephalothorax, welcher länger als breit ist, unterschieden. — Art: *Pen. testudo* Caffernland. (Die übrigen vom Verf. beschriebenen Arten sind schon im Jahresber. 1860 namentlich aufgeführt worden.)

Von Koch (Verhandl. d. zoolog.-botan. Gesellsch. zu Wien XVII. 1867. p. 173—230) wurden als n. A. beschrieben: Epeiridae: *Gasteracantha turrigera, Cyrtogaster excavata* und *Epeira Brinsbanae* von Brinsbane. *Epeira rhomboides* Upolu, *producta* Brinsbane, *litoralis* Upolu, *Argyopes plana, Nephila venosa* und *Tetragnatha bituberculata* von Brinsbane, Tetr. *granulata* Walck. ebendaher. — Theridiidae: *Ero albostriata, Theridium decoratum, coeliferum, pyramidale* und *humile, Pholcus litoralis. Enyo annulipes* und *Amaurobius longinquus* sämmtlich von Brinsbane. — Lycosidae: *Dolomedes flaminius* und *albicomus, Lycosa furcillata* und *excusor* ebendaher. — Thomisidae: *Ocypede procera* und *vasta, Delena immanis, Xysticus dimidiatus, pilula, adustus. bimaculatus. nigropuncta-*

tus, evanidus und *pustulosus* ebendaher. — Attidae: *Attus Poly-phemus* und *nigrofemoratus* Brinsbane, *pisculus* und *foliatus* Upolu, *quadratarius* Briusbane, *calvipalpis* Upolu, Deinopis cylindraceous Koch (Brinsbane).

Derselbe (Zur Arachniden- und Myriapoden - Fauna Süd-Europa's, ebenda XVII. p. 857—883) machte folgende neue Arten bekannt: *Argyopes impudicus* Tinos, *Epeira impedita* und *Singa semiatra* von Corfu, *Theridium margaritatum* Tinos, *Micaria prae-signis* Syra, *Melanophora insulana* und *graeca* Tinos, *Liocranum ochraceum* Corfu, *viride* Tinos, *Oxyopes candidus* Corfu, *Xysticus bi-color* Syra, *Calliethera olivacea, Heliophanus equester, melinus, albo-signatus, Attus capreolus, sulphureus. leporinus, taeniatus, armiger, mitratus, papilionaceus, regillus* und *lippiens* von Tinos, Syra u. s. w., *Ctenisa tigrina* Syra.

Giov. Canestrini, Intorno agli Aracnidi dell' ordine Arancina osservati nel Veneto e nel Trentino (Estratto dal Commentario della Fauna, Flora e Gea no. 2. Venezia, 1. Ottobre 1867.) 6 pag. in 8. Ein systema-tisches Namensverzeichniss von 109 Venezianischen Ara-neinen, nebst Angabe des Fundorts und des Sammlers.

Arancidei Italiani per Giov. Canestrini e Pietro Pavesi (Estratto dagli Atti della società Italiana di scienze naturali Vol. XI. Fasc. 3. 1868). Separat: 1869. 8. 135 pag. — Einer historischen Uebersicht der über Italienische Spinnen handelnden früheren Arbeiten lassen die beiden Verf. eine systematische Aufzählung der bis jetzt bekannt gewordenen Arten nebst einer Charakte-ristik der für neu angesehenen folgen. Letztere belaufen sich auf 30, während die überhaupt als Italienisch ver-zeichneten 404 betragen; es ist dies immerhin schon eine ansehnliche Zahl, da aus Schweden nur 308, aus England 304, aus Frankreich 280, aus Oesterreich 205, aus Preussen 153 Arten bekannt geworden sind.

Die einzelnen Familien und Gattungen sind in dem Verzeich-niss der beiden Verf. durch folgende Artenzahlen vertreten: 1) My-galidae: 6 A. (Mygale 1, Mygalodonta 4, Atypus 1 A.). 2) Fili-statidae 1 A. 8) Scytodidae 4 A. 4) Dysderidae 15 A. (Segestria 4, Dysdera 9, Ocnops 1, Stalita 1 A.). 5) Drassidae 70 A. (Pythonissa 7, Micaria 7, Drassus 5, Melanophora 14, Any-phaena 2, Phrurolithus 8, Cheiracanthium 6, Clubiona 11, Liocra-num 1, Agroeca 2, Zora 2 A.). 6) Theridiidae 77 A. (Clotho 3,

Enyo 1, Tapinopa 1, Pachygnatha 3, Formicina 2, Ero 3, Asagena 1, Theridium 25, Latrodectes 2, Episinus 1, Trachelas 1. Erigone 16, Linyphia 20 A.).   7) Epeiridae 50 A. (Meta 5, Zilla 4, Singa 5, Epeira 33, Nephila 1, Argyopes 2, Tetragnatha 1, Uloborus 1 A.). 8) Ciniflonidae 11 A. (Dictyna 4, Amaurobius 7 A.).   9) Agelenidae 28 A. (Mithras 1, Caelotes 2, Tetrix 4. Agelena 3, Pholcus 5. Rachus 1, Tegenaria 10, Hadites 1, Argyroneta 1 A.   10) Lycosidae 42 A. (Ocyale 1, Dolomedes 1, Trochosa 2, Arctosa 2, Tarantula 19, Aulonia 1, Leimonia 5, Pardosa 5, Potamia 3, Sphasus 3 A.).   11) Chersidae 2 A. (Chersis 2 A.).   12) Attidae 65 A. (Eresus 4, Pyrophorus 6, Heliophanus 5, Calliethera 4, Philia 3, Marpissa 5, Icelus 1, Dendryphantes 10, Euophrys 18, Attus 5, Salticus 4 A.).   13) Thomisidae 33 A. (Sparassus 2, Ocypete 3, Thanatus 2, Artamus 2, Philodromus 3, Thomisus 11, Xysticus 10 A.).

Als neue Arten werden (p. 108 - 135) folgende beschrieben: *Scytodes unicolor, Dysdera Ninnii, grisea, tesselata, Micaria aurata* und *exilis, Drassus laticeps, Melanophora Kochi* und *gracilis, Cheiracanthium Italicum, Clubiona pulchella, Enyo Italica, Formicina mutinensis* und *pallida, Theridium Nicoluccii, Linyphia rubecula* und *lithobia, Epeira ornata* und *biocellata, Dictyna mandibulosa, Amaurobis 12-maculatus, Pholcus ruber, Tegenaria circumflexa, Pyrophorus venetiarum* und *flaviventris, Marpissa Canestrinii* und *Nardoi, Euophrys obscuroides (!), Ocypete nigritarsis* und *Philodromus Generalii.*

E. Ohlert, Die Araneiden oder echten Spinnen der Provinz Preussen, beschrieben. Nebst einem systematischen und alphabetischen Register und zwei Tafeln, die Augenstellungen der Spinnen darstellend. Leipzig, 1867. (kl. 8. 172 pag.) — Bei dem Mangel eines Handbuches zur Bestimmung der einheimischen Spinnen wird das vorliegende Werkchen durch seine präcise und übersichtliche Charakteristik der Familien, Gattungen und Arten gute Dienste und einer weiteren Verbreitung des Studiums der Spinnen unzweifelhaft Vorschub leisten. Da Verf. die (von ihm ausschliesslich citirten) Werke von Hahn, Koch und Walckenaer gut durchgearbeitet und seine Arten nach diesen Autoren bestimmt hat, so wird der sein Buch zu Rathe Ziehende in den meisten Fällen eine sichere, wenn auch vielleicht nicht immer die älteste Benennung der von ihm gesammelten Arten erhalten. Ob Verf. die von ihm aufgestellten, für eine Norddeutsche Fauna ziemlich zahlreichen neuen Arten schon auf die umfangreiche neuere Literatur (W e s t r i n g, B l a c k w a l l, L. K o c h, M e n g e u. A.) geprüft hat, giebt er nicht an und es ist daher fast zu vermuthen, dass es nicht geschehen sei; für diesen Fall möchte wohl die eine oder andere auf früher beschriebene zurückzuführen sein.

Die vom Verf. für Preussen aufgeführten Spinnen belaufen sich auf 205 Arten, welche sich auf 59 Gattungen und 8 Familien vertheilen: Epeiridae 23 A. in 8 Gatt., Theridiidae 65 A. in 11 Gatt., Agelenidae 8 A. in 4 Gatt., Drassidae 37 A. in 9 Gatt., Dysderidae 2 A. in 2 Gatt., Thomisidae 24 A. in 9 Gatt., Lycosidae 27 A. in 9 Gatt. und Attidae 19 A. in 7 Gatt. — Als neu werden beschrieben: a) E p e i r i d a e: *Atea spinosa*. b) T h e r i d i i d a e: *Eucharia zonata, Linyphia leprosa* und *albomaculata, Micryphantes conifer, gibbus, stylifer, frontalis, capito, cristatopalpus, grandimanus* und *ruficephalus* (!). c) D r a s s i d a e *Pythonissa comata, Clubiona rubropunctata, Macaria myrmecoides.* d) L y c o s i d a e: *Trochosa rubrofasciata.* e) A t t i d a e: *Heliophanus aurocinctus.* — In einer Einleitung erörtert Verf. die äussere Körperbildung und die Terminologie der Spinnen von Epeira diadema. Für den vorliegenden Zweck, den Anfänger in das Verständniss des Spinnenkörpers einzuführen, genügt dieselbe vollständig; doch ist sie nicht durchweg wissenschaftlich correkt, da z. B. der augentragende Vordertheil des Cephalothorax nicht ohne Weiteres als »Kopf« bezeichnet werden kann und eigentliche »Oberkiefer« (Mandibulae) bei den Spinnen überhaupt nicht existiren.

v. K e m p e l e n, *Thysa pythonissaeformis*, eine neue Gattung und Art (Verhandl. d. zoolog.-botan. Gesellsch. zu Wien XVII. 1867. p. 607—610). Die neue Gattung *Thysa* (Abbildung auf Taf. 14 B.) weicht von Pythonissa durch die Zahl der Augen, welche nur zu sechs vorhanden sind, von Segestria und Dysdera durch die Stellung und Grössenverhältnisse derselben ab. Die Augen sind in drei Querreihen angeordnet; diejenigen der ersten Reihe sind gross, um ihren eigenen Durchmesser vom Stirnrande und um mehr als den dreifachen unter einander entfernt, die der zweiten kleiner als die der dritten, welche ihrerseits bedeutend kleiner als diejenigen der ersten Reihe sind. — Die einzige Art: *Th. pythonissaeformis* stammt aus Ungarn.

Von A u s s e r e r (ebenda XVII. 1867. p. 160 ff., Taf. 7) wurden *Linyphia Keyserlingi, Amaurobius Kochi, Apostenus saxatilis* und *Philodromus auronitens* als n. A. aus Tyrol bekannt gemacht.

G i e b e l (Zeitschr. für d. gesammt. Naturwiss. XXX. 1867. p. 434 ff.) beschrieb *Zilla alpina, Tegenaria similis, Sparassus longipes. Pardosa obscura* und *Calliethera alpina* als n. A. aus der Schweiz.

E. Simon, Monographie des espèces ouropéennes de la famille des Attides (Annal. soc. entom. de France 4. sér. VIII. 1868. p. 11—72 und p. 529—717. pl. 5—7). Verf. liefert in dieser umfangreichen Arbeit eine Charakteristik der ihm aus eigener Anschauung bekannten Attiden Europa's, welche durch die Entdeckung zahlreicher neuer, besonders Südeuropäischer Arten einen sehr beträchtlichen Zuwachs erhalten haben. Dieselben vertheilen sich nach ihm auf 10 Gattungen, von welchen Marpissus Koch durch 6, Attus Walck. durch 120, *Yllenus*, nov. gen. durch 1, Dendryphantes Koch durch 8, Plexippus Koch durch 1, Callietherus Koch durch 15, *Menemerus*, nov. gen. durch 3, Heliophanus Koch durch 39, Salticus Latr. durch 5 und *Pyroderes* (neue Benennung für Pyrophorus Koch) durch 1 Art vertreten ist. Den von ihm beschriebenen Arten fügt Verf. am Schluss jeder Gattung die ihm unbekannt gebliebenen früherer Autoren hinzu. Die sehr zahlreichen Attus-Arten, bei deren Beschreibung Verf. sich vorwiegend an die Färbung hält, werden unter sechszehn Gruppen vertheilt.

Die vom Verf. als neu aufgestellten Arten sind folgende: *Marpissus badius* Sicilien, *monachus* Grande Chartreuse, *Attus* (Gruppe des A. sanguinolentus:) *varicus* Spanien, (Gruppe des A. castaneus:) *castaneus* Dalmatien, Corfu, *Phrygianus* Frankreich, *nitelinus* Spanien, (Gruppe des A. arcuatus:) *albociliatus* Polen, Oesterreich, *riciniatus* Schweiz, (Gruppe des A. floricola:) *riparius* Baiern, *diagonalis* (lippiens Koch fem.) Türkei und Griechenland, *brevis* Frankreich und Spanien, *geniculatus* Sicilien und Corfu, *cingulatus* Zermatt, *laevigatus* Corfu, Syra, *ostrinus* Corfu, (Gruppe des A. falcatus:) *Taczanowskii* Lithauen, *nervosus* Südfrankreich, *imitatus* Dalmatien, *alter* Spanien, (Gruppe des A. insignitus:) *candidus* Andalusien, *mustellatus* ebendaher, *gilvus* Kiew, *Ogieri* Spanien und Griechenland, (Gruppe des A. agilis:) *latifasciatus* Corfu, *ornaticeps* Andalusien, *distinguendus* Russland, *illibatus* ebendaher, (Gruppe des A. pubescens:) *innotatus* Südfrankreich, *lemniscus* Französische Alpen, *diversipes* Andalusien, (Gruppe des A. fasciatus:) *Rogenhoferi* Oesterreich, *cinereofasciatus* Südfrankreich, *fulvaster* Sicilien, *Sierranus* Spanien, *subfasciatus* Kiew, *semiglabratus* Nord-Spanien, (Gruppe des A. barbipes:) *barbipes* Südfrankreich und Italien, (Gruppe des A. striatus:) *vicinus* Andalusien, *ravidus* Lithauen, *picaceus* Sicilien, *crassipes* Spanien, (Gruppe des A. hastatus:) *bom-bycius* und *sexpunctatus* :Polen, *nigritarsis* Ost-Pyrenäen, *parcus* Andalusien und Sicilien, *semiater* Andalusien, (Gruppe des A. fron-talis:) *difficilis* Corsica, Sicilien und Griechenland, *finitimus* Nord-Ita-lien, *fucatus* Türkei, *gambosus* Spanien, Sicilien, Griechenland, *cal-vus* Corfu, *obsoletus* Corfu, *scriptus* Schweiz, Italien und Spanien, *luridatus* Nord-Italien, *rufibarbis* Auvergne und Tyrol, *Westringii* (laetabundus Westr.) Schweden, Polen und Spanien, *multipunctatus* Südfrankreich und Sicilien, *satageus* Capri, *triangulifer* Andalusien, *miser* Alpen, (Gruppe des A. cerussatus:) *pulex* Portugal, *inaequali-pes* Tyrol, *cerussatus* Sicilien, Corfu, *subsultans* Südfrankreich, *mem-brosus* Spanien, Corsika, *Wankowiczii* Lithauen, (Gruppe des A. ar-genteolineatus:) *argenteolineatus* Andalusien und Türkei, (Gruppe des A. brevipes:) *rufipes* Sicilien, *aenescens* Polen, *tantulus* und *de-cipiens* Spanien, *seguipes* Dalmatien. — Yllenus nov. gen., auf Yll. arenarius Menge begründet. — *Dendryphantes neglectus* Türkei, *nigriceps* Illyrien, *Callietherus major* Spanien, *dispar* Andalusien, *similatus* Frankreich, *conjonctus* (sic!) Nord-Italien, *mandibularis* Corfu, *scitulus* Sicilien, *unciger* Tyrol, *unicolor* Corfu, *infimus* Sici-lien, Griechenland und Spanien. — Menemerus (nov. gen., auf Euophrys vigoratus Koch = Attus agilis Walck. begründet), *falsi-ficus* Basses-Alpes, *Heydenii* Andalusien, *Heliophanus cuprescens* Spanien, *globifer* Oesterreich, Spanien, *simplex* Corfu, *inornatus* Zer-matt, *apiatus* Neapel, *recurvus* Alpen, *Karpinskii* Polen, (Gruppe des A. flavipes:) *varians* Polen, *Branickii* Provence und Triest, *hecticus* Alpen, *exultans* Griechenland, *viriatus* Alpen, *grammicus* Provence, *lineiventris* Spanien, Sicilien, (Gruppe des H. uncinatus:) *un-cinatus* und *cognatus* Alpen, *rufithorax* Corsika, *tribulosus* Ost-Py-renäen, *Cambridgii* Oesterreich, Corfu, *furcillatus* Sicilien, Corfu, *expers* England, (Gruppe des H. armatus:) *Kochii* Tyrol und Süd-frankreich, *armatus* Ost-Pyrenäen, *calcarifer* Corfu, *cernuus* Andalu-sien, *Salticus Peresii* Andalusien, *todillus* Sicilien.

Derselbe, Sur trois Araignées nouvelles (Rev. et Magas. de Zool. 2. sér. XIX. 1867. p. 15—24) erörterte die Charaktere der Gattungen Arachnoura Vinson und Micrathena Sund., welche er je um eine neue Art bereichert und fügt die Charakteristik einer drit-ten neuen, den Theridiiden angehörigen Gattung *Trithena* hinzu, welche sich von Theridion hauptsächlich durch harte und dicke Körperhaut des Hinterleibes und durch die Bewehrung der Vorder-ecken desselben mit je einem langen, cylindrischen, senkrechten Dorn unterscheidet. — Art: *Tr. inuncans* Brasilien. — Die Cha-rakteristik der Gatt. Arachnoura modificirt Verf. mit Rücksicht auf die von ihm beschriebene neue Art: *Arachn. melanura* (Vaterland nicht angegeben) und hebt die nahe Verwandtschaft mit Singa her-vor. Micrathena Sund. bringt Verf. in nähere Beziehung mit Acro-

somus und beschreibt *Micr. bufonia* als n. A. von den Molukken
(Gilolo).

Derselbe, Sur quelques Aranéides du midi de la France
(Rev. et Magas. de Zoolog. 2. sér. XX. 1868. p. 449—456) gab eine
ausführliche Charakteristik der wenig bekannten Epeira pallida Oliv
(Olivieri Walck.) nach weiblichen Individuen (Stammform und zwei
Varietäten) und machte *Singa Laurae, Sparassus fulvus* und *Fili-
stata nana* als n. A. aus Südfrankreich bekannt.

Thorell, Om Aranea lobata Pall. (sericea Oliv.) in: Öfvers.
Vetensk. Akad. Förhandl. 1867. p. 591—596, Annals of nat. hist.
4. ser. II. 1868. p. 186—191) erörterte die Synonymie der in ganz
Süd-Europa, Süd-Sibirien, Nord-Afrika, auf den Cap-Verdischen In-
seln und am Senegal vorkommenden Argyope lobata Pallas (= sericea Oliv. Latr. = margaritacea Risso = argentea Gmel. = Segestria dentata Risso = Argyopes praelautus Koch).

Acarina.

Die wissenschaftliche Kenntniss dieser Ordnung ist
nach den verschiedensten Seiten hin, in anatomischer,
histiologischer und embryologischer, nicht minder aber
in zoologischer Beziehung durch eine umfangreiche Abhandlung von E. Claparède: „Studien an Acariden“
(Zeitschr. f. wissensch. Zoolog. XVIII. 1868. p. 445—546.
Taf. 30—40 — auch im Separatdruck: „Studien an Acariden,“ Leipzig 1868. 8., mit 11 color. Taf. erschienen) in
namhafter Weise gefördert und bereichert worden. Verf.
publicirt in derselben aus umfangreicheren Studien, welche
er im Bereich der Acarinen angestellt hat, vorläufig
Bruchstücke in Form von Monographien über eine Reihe
von Gattungen, wie Atax, Tetranychus, Tyroglyphus,
Hypopus (männliche Form von Tyroglyphus), Hoplopho-
rus, Myobia musculi und Myocoptes musculinus, welchen
er „Betrachtungen über die Klammerorgane mancher Acariden“ im Darwin'schen Sinne anschliesst. Die erste
Stelle nehmen in diesen Abhandlungen schon ihrem
räumlichen Umfang nach die Untersuchungen des Verf.'s
über die Entwickelung im Ei ein, welche er an Atax
Bonzi, Hoplophora contractilis, Myobia musculi, Tyroglyphus siro und Tetranychus telarius angestellt hat. Die
Wichtigkeit derselben überhebt uns der Nothwendigkeit,
sie hier in ihren einzelnen Vorgängen zu analysiren, in

gleichem Maasse, wie ihre Ausführlichkeit dies zugleich kaum möglich erscheinen lässt. Dem zunächst treten die Beobachtungen über die nachembryonale Entwickelung und über die anatomischen Verhältnisse der Geschlechtsformen in den Vordergrund. Letztere werden besonders bei Atax, Tetranychus und Myobia ausführlicher erörtert und die sie betreffenden Angaben für gewisse Organsysteme (Muskulatur-, Blutbewegungs- und Athmungsorgane) gleichzeitig auf die Acarinen im Allgemeinen ausgedehnt. Die verschiedenen Entwickelungsstadien, welche das aus dem Eie hervorgehende junge Thier bis zur Erlangung der Geschlechtsreife durchmacht, schildert Verf. von Atax Bonzi, mit welchem Atax ypsilophorus und crassipes in näheren Vergleich gebracht werden, ferner an Tyroglyphus, welcher Gattung er die von Dujardin irrig als Gamasus-Larven angesprochenen Hypopus als männliche Form zuweist — Verf. beobachtete die Entwickelung von Hypopus direkt in den von Tyroglyphus-Weibchen gelegten Eiern, während in anderen sich wieder Tyroglyphus (weibliche Form) ausbildeten — drittens an der Oribatiden-Gattung Hoplophora, an welcher Verf. die höchst interessante Beobachtung machte, dass sie sich innerhalb einer achtbeinigen, weichhäutigen Acarus-Form ausbildet. In zoologischer Beziehung ist besonders auf die sorgfältige Feststellung der äusseren Sexualunterschiede der genannten Gattungen bei verschiedenen ihnen angehörigen Arten, so wie auf die Angaben über die Lebensweise der letzteren, ihre Art-Unterschiede, Synonymie u. s. w. hinzuweisen. Einen Beweis für die Richtigkeit der Darwin'schen Theorie findet Verf. in dem Umstande, dass die Schmarotzer-Milben unter einander weniger nahe verwandt als gewisse mit nicht schmarotzenden Formen, während die auf die schmarotzende Lebensweise gerichtete Umformung bestimmter Extremitäten zu Klauenorganen bei allen sehr analog ist.

Unter Hinweis auf die ungerechtfertigte Vervielfältigung der Atax-Arten durch O. F. Müller und Koch nach der weissen Rückenzeichnung, macht Verf. die spezifische Identität des Trom-

bidium potatum Rathke, Limnochares anodontae Pfeiffer und Hy-
drachna concharum v. Baer mit dem Atax ypsilophorus Bonz wahrscheinlich, während er eine von letzterem Autor damit vermengte
zweite, auf Unio schmarotzende Art als *Atax Bonzi* bezeichnet. —
Die Gattung Myobia Heyd. nimmt Verf. für den Pediculus musculi
Schrank (= Myob. coarctata Heyd.) an; für den gleichfalls auf der
Hausmaus vorkommenden Dermaleichus musculinus Koch, welcher
sich von Dermaleichus (Typus: Acarus passerinus de Geer) wesentlich durch die Umwandlung des dritten Beinpaares in Klammerorgane und die in Form dreieckiger Platten erscheinenden Mandibeln
unterscheidet, errichtet er eine neue Gattung *Myocoptes*.

Robin, Mémoire sur les Sarcoptides avicoles et sur
les métamorphoses des Acariens (Compt. rendus 20. Avril
1868. p. 776 Rev. et Magas. de Zool. 2. sér. XX. 1868.
p. 251—253), ins Englische übersetzt: On the avicolar Sar-
coptidae and on the metamorphoses of the Acarina (Annals
of nat. hist. 4. ser. II. 1868. p. 78 f.).' — Nach den Beobachtungen des Verf.'s treten die Weibchen der auf Vögeln
lebenden Sarcoptiden nach zurückgelegtem sechsbeinigem
Larven- und achtbeinigem Nymphen-Stadium noch in zwei
aufeinanderfolgenden geschlechtlichen Formen auf, von
denen die erste der Nymphe gleicht und der Vulva noch
entbehrt, aber beträchtlich dicker ist und bei einigen Arten
bereits Copulationsorgane besitzt. Diese Form wird von
den männlichen Individuen, wie sie unmittelbar aus der
Nymphe hervorgehen, begattet, während die letzte, welche
von jener ebenso wie von den Männchen formell verschieden ist, keine Begattung mehr eingeht, sondern bereits mit einem Ei im Geschlechtsapparat versehen ist.
Diese letzte Geschlechtsform entwickelt sich aus der vor-
hergehenden durch eine Häutung, deren die Weibchen
mithin eine mehr als die Männchen durchzumachen haben.

Frauenfeld (Zoologische Miscellen XV., Verh. d.
zoolog. botan. Gesellsch. zu Wien XVIII. 1868. p. 893 f.)
fand auf dem weichen Hinterleib eines Nicobarischen Ein-
siedler-Krebses (Calcinus tibicen) eine eigenthümliche
zeckenartige Milbe von kreisförmigem Umriss und mit
nur sechs Beinpaaren versehen, von welcher er unter
dem Namen *Cyclothorax carcinicola* eine vorläufige Charakteristik nebst Abbildung im Holzschnitt giebt.

Derselbe (ebenda XVIII. p. 889 f.) beschrieb *Rhyncholophus oedipodarum* n. A., im Jugendstadium von 2 bis 3 Mill. Länge an den Hinterleibs-Einschnitten von Oedipoda variabilis Pall. schmarotzend. Verf. brachte die beim Tode der Heuschrecke loslassenden Milben auf feuchter Erde zur ferneren Entwickelung. Ausser den Larven beschreibt er das beiulose Puppenstadium und das mit vier Beinpaaren versehene Geschlechtsthier.

Derselbe (ebenda XVII. 1867. p. 462) machte *Rhipicephalus carinatus* und *rubicundus* als n. A. bekannt, erstere im Chinesischen, letztere im Sunda-Meer an Bord der Novara aufgefunden.

Koch (ebenda XVII. 1867. p. 241 ff.) beschrieb *Ixodes decorosus* n. A. von Hydrosaurus giganteus. *Moreliae* von Morelia Argus, *varani* von Hydrosaurus giganteus, *Smaridia extranea* und *Gamasus flavolimbatus*, sämmtlich von Brinsbane.

Donnadieu, Recherches anatomiques et zoologiques sur le genre Trichodactyle (Annal. scienc. natur. 5. sér. Zoologie X. p. 69—84. pl. 1). Verf. unterwirft den äusseren Körperbau, d. h. das Hautskelet des Rumpfes und der Gliedmaassen von Trichodactylus Osmiae Duf. und von *Trich. xylocopae* n. A. einer detaillirten Schilderung und berichtigt mehrere von Dufour über erstere Art gemachte Angaben, z. B. die Bildung der Beine betreffend. Er stellt die Charaktere der von Dufour errichteten Gattung von Neuem fest und erörtert die Unterschiede des Trich. xylocopae von der erstgenannten Art.

Lucas, Un mot sur le Tetranychus lintearius, Arachnide trachéenne de la tribu des Acaridies (Annal. soc. entom. de France 4. sér. VIII. 1868. p. 741—743). Verf. beobachtete die ausgedehnten Gewebe dieser Acaride, welche wie feines Leinenzeug aussehen, in grosser Menge bei Roscoff an Ulex Europaeus. Neben ausgewachsenen Individuen fand er auch die sechsbeinigen Jungen.

Guérin-Méneville, On the development of small Acari in Potatoes (Annals of nat. hist. 3. ser. XIX. 1867. p. 71 f.) Uebersetzung aus Compt. rendus Octbr. 1866. p. 570 f.).

Nach A. Fumouze (De la Cantharide officinale, 1867) werden die in den Handel gebrachten Canthariden-Präparate von fünf Acarinen angegriffen: Tyroglyphus longior Gerv., *Tyr. Siculus* n. A. (von Robin und Fumouze hier beschrieben), Glyciphagus cursor Gerv. und spinipes Koch und Cheyletus eruditus Latr. (Rev. et Magas. de Zool. 2. sér. XIX. 1867. p. 453).

Ueber das Vorkommen von Milben auf Insekten, kurze Notiz

von F. Loew, siehe: Verhandl. d. zoolog.-botan. Gesellsch. zu Wien XVII. 1867. p. 745.

Pantopoda.

Hesse (Annal. scienc. natur. 5. sér. Zool. VII. p. 199 ff., pl. 4) machte eine neue Gattung *Oiceobathes* (? !) bekannt, welche sich durch die beiderseits erweiterten vier beintragenden Körpersegmente, das ungegliederte lanzettliche Abdomen und die stark gedornten Beine, an welchen die vier Basalglieder kurz, das vierte blasig angeschwollen, kuglig oder eiförmig, die drei folgenden langgestreckt sind, auszeichnet. — Art: *Oic. arachne*, 6—7 Mill. lang, bei Brest auf Meerespflanzen, 50 Mètres tief gefunden. — Ferner: *Phoxichilus inermis* n. A., am Kiel eines aus dem Mittelmeer zurückgekehrten Schiffes angetroffen.

Grube (Mittheilungen über St. Vaast-la-Hougue und seine Meeresfauna p. 25 ff., fig. 4—6) gab von Abbildungen begleitete, nochmalige Charakteristiken von Ammothea longipes Hodge (?), Achelia echinata Hodge und Pallene brevirostris Johnst.

Derselbe (Bericht über die Thätigk. d. naturwiss. Sekt. d. Schlesisch. Gesellsch. f. vaterl. Cultur im J. 1868. p. 28 f.) handelte über einige neue und weniger bekannte Pycnogoniden des Breslauer Museums: *Nymphon longiceps* n. A. aus dem Chinesischen Meere und eine vielleicht mit Phoxichilidium chiragrus M. Edw. identische Art von derselben Lokalität, beide vorläufig charakterisirt. Eine dritte, noch im Larvenstadium befindliche Art aus Australien wird als *Pycnogonum australe* n. A. bezeichnet.

3. Crustaceen.

M. Schultze, Untersuchungen über die zusammengesetzten Augen der Krebse und Insekten. Mit zwei col. Taf. Bonn 1868. (Zur Feier des 50jährigen Doctor-Jubiläums seines Vaters, des Geh. Mediz. Raths Dr. C. A. Schultze) fol. 32. pag. (Auch im Auszuge mitgetheilt unter dem Titel: „Ueber die Endorgane der Sehnerven im Auge der Gliederthiere" im Archiv f. mikroskop. Anatom. III. 1867. p. 404—408). Die Theile des zusammengesetzten Arthropoden-Auges, welchen Verf. vorwiegend seine Aufmerksamkeit zugewendet hat, sind die Crystallkegel und die sich ihnen nach hinten anreihenden nervösen Sehstäbe, welche bekanntlich von Leydig als continuirliche Theile eines und desselben Gebildes

in Anspruch genommen worden sind. Verf. ist durch
seine Untersuchungen sowohl für die Krebse wie für die
Insekten zu dem Resultat gekommen, dass die Nerven-
stäbe stets gegen die Crystallkegel scharf abgesetzt auf-
hören; letztere sitzen mit einem vierzipfligen Ende auf
einer halbkugligen Anschwellung des Nervenstabes auf,
ohne mit demselben in Continuität zu stehen. An dem
Crystallkegel von Astacus und Palaemon weist Verf.
eine Differenzirung in drei aufeinanderfolgende Abtheilungen, deren mittlere vorn und hinten convex endigt
und stärker lichtbrechend als die vordere und hintere
erscheint, nach; bei Carcinus maenas fehlt eine solche
Scheidung vollständig. Eine Schichtung ist in diesen
viertheiligen Crystallkegeln nirgends nachweisbar. Dagegen stellt sich für die Nerven-(Seh-)Stäbe eine deutliche Plättchenstruktur heraus, welche jedem der vier
Längsstränge, aus denen ein Nervenstab besteht, besonders eigen ist. Beim Flusskrebs, wo der Nervenstab
(frisch untersucht) rosenroth erscheint, wechseln farblose
und rothe Plättchen ab und zwar springen erstere seitlich
stärker hervor; die farblosen sind schwarz pigmentirt
und weniger quellbar als die rothen, welche durch Ver-
änderung schnell in den von Joh. Müller angegebenen
„gewundenen Schlauch" übergehen. Gewöhnlich sind
beim Flusskrebs 18 bis 20 Schichten nachweisbar, doch
kommen auch längere Spindeln mit 30 und mehr vor;
die Dicke der einzelnen Plättchen beträgt 6 bis 8 Mikro-
millim. Bei Carcinus maenas ist die Zahl der Plättchen,
welche auch hier abwechselnd hell und pigmentirt sind,
sehr viel grösser, ihre Dicke sehr viel geringer. — Auf
Grund dieser Strukturdifferenz sieht Verf. die Crystallkegel in Gemeinschaft mit den Cornealinsen als dioptri-
sche, die Sehstäbe dagegen als percipirende Apparate an.

 Hesse setzte seine „Observations sur des Crustacés
rares ou nouveaux des côtes de France" während d. J.
1867—68 mit sechs ferneren Abschnitten fort, welche
theils Nachträge zu früher behandelten Gruppen, wie
den parasitischen Copepoden und den Peltogastrinen,
enthalten, theils neue Arten aus den Familien der Cu-

maceen und der freilebenden Copepoden, so wie aus den
— vom Verf. noch den Crustaceen beigezählten — Pantopoden zur Kenntniss bringen. Andere Formen, wie
z. B. Limnoria, werden bezüglich ihrer Lebensweise,
noch andere, wie die Cirripedien, in ihrer Entwickelungsgeschichte, wenn auch nicht mit besonderem Glück und
mit der nöthigen Kritik, erörtert, wie denn überhaupt
die Arbeiten des Verf.'s neben einer grossen Weitschwei-
figkeit in der Darstellung den Mangel einer gründlichen
Kenntniss des Gegenstandes vielfach zur Schau tragen,
von seinen barbarischen Namenbildungen, welche er mit
den meisten seiner Landsleute theilt, gar nicht zu reden.
— Die Titel der einzelnen Abschnitte sind folgende: 11.
article. Mémoire concernant deux Crustacés nouveaux
trouvés parmi des Balanes sillonnées (Balanus sulcatus)
et des Anatifs lisses (Anatifa laevis) in: Annal scienc.
natur. 5. sér. VII. 1867. p. 123—151. pl. 2 et 3. — 12.
article. Mémoire sur les nouveaux genres Oiceobathe, Upe-
rogeos et Sunariste (ebenda VII. p. 199—216. — 13. et
14. article. Description de deux Sacculinidiens, d'un Pel-
togaster, d'un Polychliniophile et de deux Cryptopodes
nouveaux (ebenda 5. sér. VIII. p. 377—381 und 5. sér.
IX. 1868. p. 53—61). — 15. article. Description d'un
nouveau Crustacé appartenant au genre Limnoria (ebenda
5. sér. X. 1868. p. 101—119. pl. 19). — 16. article. Recherches sur les Cumadés, description de cinq nouvelles
espèces de ce genre (ebenda 5. sér. X. 1868. p. 347—370.
pl. 19).

Indem wir in Betreff des Inhalts von Art. 12. bis 16. auf den
speciellen Theil des Berichtes verweisen, glauben wir auf denjenigen des 11. schon hier eingehen zu müssen, weil Verf. darin ganz
verschiedenartige Crustaceen-Formen, wie Cirripedien und Isopoden
in genetische Beziehungen zu einander bringt, ohne dafür einen
anderen Anhalt als ihr gemeinsames Vorkommen zu haben. Von
Balanus sulcatus und Anatifa laevis bildet er die (bereits hinrei-
chend bekannte) aus dem Ei hervorgehende Nauplius-Form ab und
giebt von derselben eine (nichts Neues enthaltende) Charakteristik.
Im Anschluss hieran giebt er Beschreibungen und Abbildungen
mehrerer auf einander folgender Jugendstadien zweier Isopoden aus
der Familie der Bopyrinen, von denen er nach ihrem Zusammen-

leben mit den genannten Cirripedien annehmen zu dürfen glaubt oder sich selbst wenigstens einzureden versucht, dass sie die weiteren Entwickelungsphasen jener Nauplius-Formen darstellen. Ja er will sogar, lediglich auf diese Vermuthung der Zusammengehörigkeit hin die Bopyrinen, deren formelle Aehnlichkeit mit jenen Larven er selbst anerkennt, als nahe Verwandte der Cirripedien in Anspruch nehmen. Dass jene von ihm beobachteten Isopoden-Larven, welche er mit Liriope pygmaea und Bopyrus abdominalis Kroyer in Vergleich bringt, einem ganz anderen Formenkreise angehören könnten, scheint dem Verf. gar nicht in den Sinn gekommen zu sein; ebenso wenig muss er davon Kenntniss haben, dass die Entwickelungsreihe der Cirripedien schon seit 35 Jahren in ihren Hauptzügen und seit mehr als zehn Jahren vollständig bekannt ist.

A history of the British sessile-eyed Crustacea by C. Spence Bate and J. O. Westwood. Vol. II. London, 1868. (536 pag. in 8.) Mit Ausnahme der beiden ersten Lieferungen (p. 1—98), welche bereits im vorigen Jahresberichte erwähnt wurden, ist der jetzt vollständig vorliegende zweite Band des Werkes während d. J. 1867—68 publicirt worden. Derselbe enthält auf p. 99—495 eine sehr umfassende systematische Bearbeitung der Britischen Isopoden, in einem Appendix (p. 497—530) ausserdem Nachträge und Verbesserungen zu den früher abgehandelten Amphipoden. Auch in dem vorliegenden Abschnitt ist das Werk durch die ebenso sorgsame wie ausführliche Charakteristik der Gattungen und Arten, so wie durch seine reiche Ausstattung mit charakteristischen Darstellungen derselben in Holzschnitt als ein für die Bestimmung besonders nützliches und brauchbares zu bezeichnen und wird mit Ausnahme der (in England, wie es scheint, verhältnissmässig schwach vertretenen) Land-Isopoden den nordeuropäischen Artenbestand der betreffenden Ordnungen in so überwiegender Mehrzahl umfassen, dass es auch für den ausserenglischen Carcinologen als ein mannigfache Belehrung bietendes Handbuch gelten kann. Leider ist der Preis von fast 20 Thalern für zwei Oktav Bände ein unverhältnissmässig hoher.

Ein durch reichen Inhalt und schöne Ausstattung gleich hervorragendes Werk über die Süsswasser-Krebse

Norwegens hat G. O. Sars unter dem Titel: „Histoire naturelle des Crustacés d'eau douce de Norvège" begonnen. Die im J. 1867 erschienene erste Lieferung (Christiania 1867. 4. 145 pag. c. tab. 10 aen.) desselben erstreckt sich auf die Malacostraken und behandelt abgesehen von dem allbekannten Astacus fluviatilis alle dieser Gruppe angehörigen, im süssen Wasser vorkommenden Norwegischen Arten, deren es bekanntlich eine grössere Zahl als in Mittel-Europa giebt. Von Schizopoden die Mysis oculata Fabr. var. relicta, von Amphipoden den Gammarus neglectus Lilljeb., die Pallasea cancelloides Gerstf. var. quadrispinosa Esm., den Gammaracanthus loricatus Sab. var. lacustris und die Pontoporeia affinis Lindstr., von Isopoden den Asellus aquaticus Linn. Verf. hat diese Arten nach allen Seiten hin, in zoologischer, morphologischer, anatomischer und embryologischer Beziehung auf das Eingehendste untersucht und bearbeitet, so dass bei allen ferneren Forschungen über dieselben auf sein Werk zurückgegangen werden muss. Besonders ist auf die anatomischen Untersuchungen von Mysis und Gammarus, auf die Embryologie von Gammarus und Asellus und auf die Entwickelung der Spermatozoën bei Mysis und Asellus zu verweisen. Die sehr reich ausgestatteten, von Loevendal vorzüglich gestochenen Tafeln enthalten stark vergrösserte Abbildungen sowohl der behandelten Arten selbst als ihrer einzelnen Skelettheile und Organe.

M. Sars, Bidrag til Kundskab om Christiania-Fjördens Fauna. (Christiania, 1868. 104 pag. in 8. tab. 7 aen.). In diesem selbstständig erschienenen Werkchen behandelt der jetzt verstorbene hochverdiente Verf. in sehr umfassenden und eingehenden, durch vortreffliche Abbildungen illustrirten Beschreibungen eine kleine Anzahl Norwegischer Meeres-Crustaceen, welche mit einer Ausnahme schon früher von ihm provisorisch bekannt gemacht worden sind. Fünf derselben gehören den Decapoden: Pontophilus Norvegicus Sars, spinosus Leach, Crangon echinulatus Sars, Pasiphaë Norvegica Sars und sivado Risso, eine den Isopoden: Munnopsis typica Sars, an.

A c h. C o s t a, Saggio della collezione de' Crostacei del Mediterraneo del Museo Zoologico della Università di Napoli (Annuario del Museo zoologico della R. Università di Napoli, Anno IV. 1867. p. 38—46). Verf. stellt ein systematisches Verzeichniss von 72 im Golf von Neapel, bei Tarent, Messina u. s. w. vorkommenden Crustaceen zusammen, welches 30 Decapoden, 1 Schizopoden, 27 Amphipoden, 1 Lacmodipoden, 10 Isopoden und 3 Entomostraken umfasst. Bei einigen Arten sind erläuternde Bemerkungen beigefügt. Guerinia Nicaeensis Costa und Jacra Hopeana Costa werden auf der beifolgenden Taf. 3 abgebildet.

J. M a r c u s e n, „Zur Fauna des schwarzen Meeres, Vorläufige Mittheilung" (dies. Arch. f. Naturgesch. XXXIII. 1867. p. 357—363) lieferte durch Aufzählung der im schwarzen Meere bis jetzt aufgefundenen und durch seine eigenen Nachforschungen ansehnlich vermehrten Crustaceen den interessanten Nachweis, dass dasselbe nicht dem Faunengebiet des Mittelmeeres angehöre, vielmehr in seinen Crustaceen eine ausgedehntere Uebereinstimmung mit den nordischen Meeren bekunde. Diejenigen Arten, welche das schwarze Meer mit dem mittelländischen gemein hat, sind, wie Carcinus maenas, Xantho rivulosus, Eriphia spinifrons, Portunus holsatus, Porcellana longicornis, Pachygrapsus marmoratus u. A., überhaupt weit verbreitet, während die dem ersteren eigenthümlichen Arten dem letzteren fehlen. Uebereinstimmungen mit den nordischen Meeren geben dagegen die Cumaceen, Bathyporeia, Podocerus, Siphonoecetes, Mysis, Fabricia quadripunctata u. A. an die Hand. Einen Anhalt hierfür liefert vielleicht der Salzgehalt, welcher im Sund und Kattegat 11 bis 19, im schwarzen Meere 15, im Mittelmeer dagegen 36 bis 39 Tausendtheile beträgt.

Die vom Verf. vorläufig nur namentlich aufgeführten Crustaceen des schwarzen Meeres belaufen sich auf 57 Arten, von welchen 7 den Brachyuren, 2 den Anomuren, 6 den Macruren, 5 den Schizopoden (Mysis, Podopsis), 8 den Cumaceen, 22 den Amphipoden, 4 den Isopoden, 5 den Copepoden, 1 den Ostracoden und 3 den Balaniden angehören.

Derselbe Gegenstand wurde in umfassenderer Weise von **Voldemar Czerniavsky** in einer russisch geschriebenen Abhandlung unter dem gleichzeitigen Titel: Materialia ad zoographiam Ponticam comparatam, Basis genealogiae Crustaceorum (120 pag. in gr. 4. c. tab. 8 lith. Octbr. 1868) behandelt. Die in derselben vom Verf. gegebene faunistische Uebersicht der im Schwarzen Meere einheimischen Crustaceen erstreckt sich auf sämmtliche Ordnungen bis zu den Cirripedien herab und umfasst die ansehnliche Zahl von 93 Arten, welche, so weit sie bereits bekannt sind, in ihren lokalen Abänderungen und in ihrer Synonymie eingehend erörtert werden, während für die neuen eine ausführliche, durch zahlreiche Detailzeichnungen erläuterte Charakteristik gegeben wird. (In Rücksicht auf den reichen Inhalt der Arbeit ist es zu bedauern, dass dieselbe nicht in deutscher oder französischer Sprache abgefasst ist; glücklicher Weise ist wenigstens den russischen Beschreibungen der ziemlich zahlreichen neuen Arten eine lateinische Diagnose beigefügt.) Die vom Verf. verzeichneten Arten vertheilen sich auf die einzelnen Ordnungen folgendermassen: Cirripedia 3, Copepoda 18, Ostracodea 4, Phyllopoda 3, Isopoda 14, Laemodipoda 5, Amphipoda 27, Decapoda 19 (Cumacea 1, Schizopoda 1, Macrura 7, Anomura 2, Brachyura 8). Ausserdem werden vier Larvenformen (Balanus und 3 Zoëa) erwähnt.

Packard, Observations on the Glacial Phaenomena of Labrador and Maine, with a view of the recent invertebrate Fauna of Labrador (Memoirs read before the Boston soc. of nat. hist. I. 2. p. 210—303. pl. 7 u. 8. Boston 1867. 4.). Von Crustaceen, welche in den Glacialschichten Labradors bis jetzt beobachtet worden sind, erwähnt Verf. Balanus porcatus, rugosus und Hammeri, Eupagurus Bernhardus, Cancer borealis und Hyas aranea. Die lebenden Crustaceen der Fauna Labrador's belaufen sich nach der vom Verf. (p. 295—303) gegebenen Zusammenstellung auf 65 Arten, nämlich: Cirripedia 5, Lernaeodea 1, Ostracodea 1, Phyllopoda 3, Isopoda 7, Amphipoda 26, Cumacea 1, Schizopoda 1, Macrura 14, Pagurina 2, Brachyura 4. Einige Isopoden und Amphipoden werden als neu beschrieben und abgebildet.

v. Martens behandelte in einem Aufsatze: „Ueber einige Ostasiatische Süsswasserthiere" (Archiv f. Naturgesch. XXXIV. 1868. p. 1—64. Taf. 1) mit besonderer Ausführlichkeit die im süssen und im Brackwasser vorkommenden Crustaceen aus den Ordnungen der Decapoden, Amphipoden und Isopoden, indem er neben den hier speziell in Betracht gezogenen Ostasiatischen Arten und Gattungen auch auf diejenigen der übrigen Welttheile eingeht. Von Brachyuren kommen für Asien Telphusa als Süsswasser-, Sesarma und Gelasimus als Brackwasserformen in Betracht. Während von Anomuren solche aus der alten Welt überhaupt nicht bekannt geworden sind, hat sich unter den Macruren nach und nach eine ganz ansehnliche Zahl als Süsswasserformen ergeben. Ausser Astacus mit den Untergattungen Cambarus, Engaeus, Cheraps und Astacoides sind die Palaemonen im engeren Sinne (mit zwei hintereinanderfolgenden Stacheln am vorderen Theil des Cephalothorax), wie es scheint, sämmtlich Süsswasserkrebse. Dasselbe ist mit Atya (nebst Untergattung Atyoidea), Caridina und Atyephyra (Ephyra compressa de Haan) der Fall, während Ephyra Roux marine Arten enthält. Von Tetradecapoden wird aus den Gattungen Orchestia und Aega je eine Süsswasser-Art zur Kenntniss gebracht.

Frauenfeld stellte in seinen „Beiträgen zur Fauna der Nicobaren" (Verhandl. d. zoolog. bot. Gesellsch. zu Wien XVIII. 1868. p.293 f.) ein systematisches Verzeichniss der 88 an der genannten Lokalität gesammelten Crustaceen, meist den Decapoden angehörig, zusammen.

Spence Bate, Carcinological Gleanings n. III. (Annals of nat. hist. 4. ser. I. 1868. p. 442—448. pl. 21) machte briefliche Mittheilungen Cunningham's über einige an der Küste Süd-Amerika's (zwischen Rio Janeiro und der Maghellans-Strasse) beobachtete Crustaceen verschiedener Ordnungen bekannt und bestimmte dieselben als Alima hyalina (welche er für die Larvenform von Squilla ansieht), Ligia spec., Idotea annulata Dana, Themisto antarctica Dana, Galathea monodon Edw., Uca nov. spec. und Caprella dilatata Dana.

Derselbe, Carcinological Gleanings n. IV. (Annals of nat. hist. 4. ser. II. 1868. p. 112—121. pl. 9—10, Abstract from the report of the Committee appointed to explore the Marine Fauna and Flora of the South Coast of Devon and Cornwall in: Report Brit. associat. for 1867. p. 275—284) machte eine Reihe von Mitttheilungen über seltnere, an den Englischen Küsten vorkommende Decapoden, welche er theils in ihrer Synonymie, theils in ihren Merkmalen erörtert, so wie ferner über die Larvenformen der Gattungen Porcellana, Pagurus und Palinurus. Diejenige der letzteren Gattung stellt er in näheren Vergleich mit Phyllosoma, welches ihm als spätere Entwickelungsform von Palinurus zweifelhaft erscheint; von Pagurus beschreibt er drei verschiedene Larvenstadien, deren letztes sich der ausgebildeten Form schon nahe anzuschliessen scheint. (Auffallend ist es, dass Verf. bei Behandlung dieses Gegenstandes nicht auf die wichtigen und zum Theil (Phyllosoma) viel umfassenderen Beobachtungen von Claus und Fr. Müller eingeht.) Von den drei beifolgenden Tafeln erläutern die beiden ersten die Larvenformen der drei genannten Gattungen mit Einschluss von Phyllosoma, die dritte einige weniger bekannte ausgebildete Formen.

Die Abbildungen, welche Verf. von dem ersten Larvenstadium (Zoëa-Form) der Gattungen Porcellana und Pagurus giebt, sind flüchtige Skizzen, welche den von Fr. Müller publicirten weit nachstehen; ebenso enthalten seine von denselben gegebenen Charakteristiken nichts Neues. Eine zweite, weiter vorgeschrittene Larvenform von Pagurus — vom Verf. dieser Gattung wenigstens zugeschrieben — hat noch einen langen Stirnstachel, ungestielte Augen, einen grossen, schuppenförmigen Appendix an den unteren Fühlern, hinter den Mundtheilen drei Paare längere Spaltbeine, das Postabdomen sehr lang und dünn, sechsringlig, am zweiten bis fünften Ringe bereits die Pedes spurii entwickelt. Das dritte Entwickelungsstadium, dessen Körpergrösse leider nicht angegeben ist, zeigt etwa den Habitus einer Callianassa. Die Augen sind gestielt, über den Stirnstachel hinwegragend, das vordere Beinpaar scheerenförmig, gross, unsymmetrisch, von den vier folgenden nur die beiden ersten von grösserer Längsausdehnung, die beiden hinteren dagegen noch stummelförmig; das Postabdomen (nach der Abbildung) deutlich fünfringlig, die einzelnen Ringe scharf von einander abgegrenzt und mit Spaltbeinen versehen. Ein einzelnes, so gestaltetes Exemplar wurde an einem warmen Junitage nahe der Oberfläche des Meeres schwimmend angetroffen; Verf. glaubt, dass die Paguren sich in dieser Form leere Schneckengehäuse aufsuchen, denn er fand Exemplare von geringerer Grösse, aber in einem bereits weiter vorgeschrittenen Stadium der Entwickelung schon im Besitz solcher. — Die Zweifel, welche Verf. gegen die Zugehörigkeit von Phyllosoma zu der Entwickelungsreihe der Palinuren äussert, basiren 1) auf der ungewöhnlichen Grösse dieser Form bei wenig veränderter Gestalt (der von Couch bekannt gemachten Palinurus-Larve gegenüber; 2) auf der verhältnissmässig ausgebildeten Form der Fühlhörner bei Phyllosoma; 3) auf der rudimentären Bildung der Mundtheile; 4) auf der Seltenheit der Phyllosomen an den Küsten Englands, wo Palinurus sehr häufig ist und 4) auf der Anwesenheit der Kiemenblasen an der Basis der Phyllosomen-Beine, wo sie bei der Palinurus-Larve fehlen. Die beiden letzten Argumente hält Verf. indessen selbst nicht für stichhaltig.

Im Uebrigen behandelt Verf. Galathea bamffica (Munida Rondeletii Bell), *Galathea digitidistans* (!) n. sp., vielleicht nur eine Varietät von Gal. squamifera, das Vorkommen von Scyllarus arctus, von dem neuerdings einige Exemplare an der Küste Englands gefischt worden sind, die Synonymie von Homarus vulgaris, welche er Homarus marinus Fab. zu nennen vorschlägt, die Reproduktion eines verloren gegangenen Fühlhornes bei dieser Art (nach den Beobachtungen von Lloyd im Hamburger Aquarium) —, ferner die Identität von Crangon fasciatus und sculptus, das Vorkommen von Alpheus Edwardsii an der Englischen Küste, *Typton spongiosus* n. A. (mit nochmaliger Charakteristik der Gattung Typton Costa = Pontonella Heller), Nika Couchii, welche er nur für eine Varietät von Nika edulis hält, endlich Hippolyte Barleei, welche er auf Hip. Cranchii zurückführt.

Desselben Verf.'s Report of the Comittee appointed to explore the Marine Fauna and Flora of the South Coast of Devon and Cornwall, n. 2 (Report of the Brit. associat. for advanc. of science held at Dundee, Septb. 1867. London 1868. p. 275—287) enthält ausser den vorstehenden, in den Annals of nat. hist. reproducirten Notizen ein systematisches Verzeichniss der an der Südküste von Devon und Cornwall aufgefundenen Decapoden mit speciellen Angaben über ihre Tiefen-Verbreitung, ihre Häufigkeit und über die Bodenbeschaffenheit ihres

Fundorts. Es werden 27 Brachyuren, 15 Anomuren und
18 Macruren aufgezählt. In Betreff der Tiefen-Verbreitung ist Verf. der Ansicht, dass sie vorwiegend durch
die Nahrung bedingt wird und von dem Vorkommen
dieser in Abhängigkeit steht; es wird dies dadurch sehr
wahrscheinlich, dass einzelne Arten in sehr verschiedenen
Tiefen, z. B. Eurynome aspera von 4 bis 40, Xantho tu-
berculata in 4 bis 45 Faden Tiefe beobachtet worden sind.

Alfr. Norman, Report of the Committee appointed for the purpose of exploring the coasts of the Hebrides by means of the dredge. Pt. II. On the Crustacea, Echinodermata, Polyzoa, Actinozoa and Hydrozoa
(Report Brit. associat. f. advanc. of science 1866, at Nottingham p. 193—203). — Die an der Küste der Hebriden
erbeuteten Crustaceen belaufen sich auf 212 Arten, welche,
in systematischer Reihenfolge aufgezählt, sich in folgender Weise vertheilen: Brachyura 16, Anomura 10,
Macrura 14, Schizopoda 2, Cumacea 2, Amphipoda 51,
Isopoda 10, Phyllopoda 1, Ostracodea 64, Copepoda 22,
Cirripedia 3 A. Ausserdem werden 15 Süsswasser-Arten
aus den Abtheilungen der Daphnioiden, Ostracoden und
Cyclopiden verzeichnet. Als neu werden sechs Arten
beschrieben.

Verrill, Remarkable instances of Crustacean Pa-
rasitism (Silliman's Americ. Journ. 2. ser. XLIV. 1867.
p. 126. Annals of natur. hist. 3. ser. XX. 1867, p. 230).
Verf. fand in etwa 90 Exemplaren eines kleinen Seeigels
von der Peruanischen Küste (Eurycchinus imbecillis)
ausnahmslos die mit Pinnotheres verwandte Fabia Chi-
lensis Dana zu je einem weiblichen Exemplare vor, während das kleinere Männchen zuweilen zwischen den Stacheln der Oberfläche sass. Durch den Parasiten, welcher den
Seeigel nicht verlassen, sondern nur seine Beine aus einer
Oeffnung hervorstrecken kann, wird die Schale des Echinus
deformirt; sie zeigt eine seitliche Anschwellung und eine
grosse Oeffnung, welche in die den Krebs umgebende
Cyste einmündet. Verf. vermuthet, dass Pinnaxodis hir-
tipes Heller mit jener Art identisch sei. — Der von
Stimpson beschriebene Hapalocarcinus marsupialis setzt

sich nach Verill's Beobachtung zwischen die Veräste-
lungen der Poccilopora caespitosa Dana fest und verur-
sacht eine Wucherung der Corallenmasse, welche schliess-
lich so um ihn herumwächst, dass er wie in einen Käfig
eingeschlossen ist.

Nach Semper's Beobachtung (Einige Worte über
Euplectella aspergillum Owen und seine Bewohner, Archiv f. Naturgesch. XXXIII. 1867. p. 84 ff.) findet sich
im Innern des Kieselgerüstes von Euplectella aspergillum
einerseits eine Aega-Art (vom Verf. als *Aega spongiophila*
n. sp. beschrieben), andererseits und noch häufiger ein
bis jetzt nicht näher bekannter Palaemonide und zwar
stets in einem männlichen und einem weiblichen Exemplare vor.

H. Woodward, Second and third report on the
structure and classification of the fossil Crustacea (Report
Brit. associat. f. advanc. of science 1866. p. 179—182 und
1867. p. 44—46) gab eine vorläufige Uebersicht über die
hervorragendsten neueren Funde im Bereich der fossilen
Crustaceen.

Eine neue Gattung *Discinocaris* mit der Art: *Disc. Brow-
niana* schliesst sich zunächst an Peltocaris an. Von Limuliden hat
Verf. neuerdings aus den Kohlenlagern von Kilmaurs (Dudley) Formen
erhalten, welche einerseits einen deutlichen Anschluss an die älte-
ren Eurypteriden, andererseits an die lebenden Limulus erkennen
lassen. Die beiden Unterordnungen der Eurypteriden und Xiphosu-
ren charakterisirt Verf. hier in gleicher Weise, wie in seiner vorjährigen Monographie der ersteren.

H. Woodward, A monograph of the British fossil
Crustacea belonging to the order Merostomata, Part II.
(London 1869. 4. p. 45—70. pl. 10—15) in: Palaeontograph.
society of London for 1868. — Diese Fortsetzung der im
vorigen Jahresberichte erwähnten Abhandlung des Verf.
über die fossilen Eurypteriden beschäftigt sich ausschliesslich mit der Erörterung des Pterygotus bilobus Salter,
welcher in einer Reihe ausgezeichneter Exemplare abgebildet wird.

Reuss, Ueber einige Crustaceen-Reste aus der al-
pinen Trias Oesterreichs (Sitzungsber. d. Akad. d. Wis-

sensch. zu Wien, math. naturw. Klasse LV. 1. 1867.
p. 277—284, mit Taf.). Verf. beschreibt die Fragmente
der Rückenschale eines von ihm den Phyllopoden zuge-
rechneten Crustaceum, welches er mit den Silurischen
Formen Discinocaris und Peltocaris als zunächst verwandt ansieht und auf welches er eine besondere Gattung *Aspidocaris* mit der Art: *Asp. triasica* gründet.
Ausserdem wird eine neue Art der Poecilopoden-Gattung
Halicyne von 34 Millim. Länge als *Halic. elongata* und
eine neue Ostracode aus den Raibler Schichten als *Cythere fraterna* beschrieben.

Decapoda.

Vict. Lemoine, Recherches pour servir à l'histoire des systèmes nerveux, musculaire et glandulaire
de l'Écrevisse (Annales d. scienc. natur. 5. sér. Zool. IX.
p. 99—280. pl. 6—11. und X. p. 5—54). Verf. handelt in
dieser umfangreichen Abhandlung zunächst über die hi-
stiologische Struktur und die Physiologie des Bauchmarkes
vom Flusskrebs, welche letztere er durch eine Reihe von
Experimenten näher zu beleuchten unternimmt. Er beschreibt die Erscheinungen, welche die Abtragung des
einen Fühlernerven, die Zerstörung des einen Gehirn-
lappens, die Durchschneidung der beiden Pedunculi cere-
brales, resp. des einen derselben, die Zerstörung des unteren Schlundganglion, die Durchschneidung des Bauchmarkes hinter letzterem, hinter dem Ganglion des ersten
Beinpaares, ein Einschnitt in die Commissur zwischen
dem dritten und vierten Thoraxganglion, die Trennung
des Bauchmarkes zwischen Cephalothorax und Abdomen
u. s. w. zur Folge gehabt und stellt die Resultate seiner
Experimente mit denjenigen früherer Autoren in Vergleich, ohne sie jedoch zu resumiren. In gleicher Ausführlichkeit behandelt er die Struktur der einzelnen Sinnesorgane so wie die Morphologie und Histiologie des
sogenannten sympathischen Nervensystems. Der zweite
Abschnitt behandelt einerseits das animale Muskelsystem,
andererseits die Anatomie und Struktur des Herzens;

der dritte geht auf das Hautpigment, die Blutkörperchen, die Darmdrüsen, die Leberorgane, die Hoden, die grüne Drüse und den Ausführungsgang derselben ein. Der grosse Umfang der durch zahlreiche Abbildungen erläuterten Darstellung und der Mangel einer Zusammenstellung der aus den Beobachtungen des Verf.'s sich ergebenden neuen Fakta lässt uns von einem näheren Eingehen auf den Inhalt der Arbeit absehen. In jedem Fall ist dieselbe schon wegen der Fülle der darin niedergelegten Untersuchungen der Beachtung zu empfehlen.

Claus (Ueber die Gattung Cynthia, Zeitschr. f. wissensch. Zoologie XVIII. 1868. p. 272 ff.) macht auf den wesentlichen Unterschied der männlichen Begattungsorgane bei Cynthia und Euphausia (Thysanopoda) aufmerksam. Beim Männchen der ersteren Gattung findet sich am letzten Beinpaar des Cephalothorax ein Anhang, welcher das mit Spermatozoën gefüllte untere Ende des Vas deferens in sich aufnimmt; die an demselben liegende Geschlechtsöffnung wird, wie bei Mysis, von einem kurzen, fingerförmigen Zapfen überragt. Mit der Ausbildung eines solchen Penis steht der Mangel spermatophorenartiger Hüllen der Samenmasse in Verbindung. Bei Euphausia, wo der Penis fehlt, werden ganz ähnliche Spermatophoren wie bei den Calaniden producirt, dieselben auch in analoger Weise nahe den weiblichen Geschlechtsöffnungen angekittet. Mit letzterem Akt steht offenbar die Umbildung der beiden vorderen Abdominal-Fusspaare des Männchens im Zusammenhang.

Moebius, Ueber die Entstehung der Töne, welche Palinurus vulgaris mit den äusseren Fühlern hervorbringt (Archiv f. Naturgesch. XXXIII. 1867. p. 73—75). Bei starken Bewegungen mit den äusseren Fühlern lässt Palinurus sowohl in als ausser dem Wasser ein crepitirendes Geräusch hören, welches durch eine am untersten beweglichen Gliede sitzende runde Platte erzeugt wird. Die Oberfläche derselben zeigt ein halbmondförmiges, leicht gerunzeltes und mit feinen Härchen besetztes Rand- und ein elliptisches, von parallelen Furchen durchzogenes zweites Feld. Das Knarren beruht auf dem

Gleiten des Randfeldes über die glatte Fläche des Ringes, in welchem das erste Fühlerglied artikulirt; intermittirend wird es dadurch, dass sich die Spitzen der Haare gegen die aufwärtsgehende Bewegung anstemmen. Beim Abwärtsgleiten entsteht kein Ton.

Hilgendorf (Sitzungsber. der Gesellsch. naturf. Freunde zu Berlin, 21. Jan. 1868. p. 2) machte Angaben über einen Crepitationsapparat bei Matuta. An der Innenseite der Scheere finden sich zwei geriefte Feldchen, welche gegen ein neben der Mundgegend gelegenes Leistensystem bewegt werden. Das Männchen besitzt ausserdem zur Erzeugung eines feineren Tones eine gefurchte Leiste am Daumen der Scheere.

v. Martens, Ueber einige neue Crustaceen (Monatsbericht d. Berlin. Akad. d. Wissensch. 1868. p. 608 —615). Beschreibung von acht neuen Arten aus den Gruppen der Brachyuren und Macruren.

Lucas (Bullet. soc. entom. de France 1868. p. 91) fand an der Küste bei Roscoff folgende Decapoden: Platycarcinus pagurus, Cancer maenas, Crangon vulgaris, Palaemon serratus (mit Bopyrus squillarum), Corystes personatus (oder dentatus), Soyllarus latus, Palinurus vulgaris und Homarus marinus.

Cancrina. Alph. Milne Edwards, Descriptions de quelques espèces nouvelles de Crustacés Brachyures (Annal. soc. entom. de France 4. sér. VII. 1867. p. 263—288). Verf. macht 40 neue Arten aus den Gruppen der Oxyrrhynchen, Cyclometopen und Catometopen, 'zum Theil Repräsentanten neuer Gattungen, bekannt. Dieselben stammen der Mehrzahl nach aus Neu-Caledonien, von den Sandwichs-Inseln, von Zanzibar und Angola.

Oxyrrhyncha. — *Mithrax spinifrons* Milne Edwards n. A. von den Schiffer-Inseln, *Mimulus acutifrons* desselben n. A. unbek. Vaterl. (Annal. soc. entom. de France 4. sér. VII. p. 263 f.)

Blanchard, De l'acroissement de la taille chez les animaux à sang froid (Compt. rendus 18. Mars 1867, Rev. et Magas. de Zoolog. 2. sér. XIX. p. 152) giebt die Länge eines Beines bei einem grossen Exemplar der Macrocheira Kaempferi auf 1¹/₅ Mètres und den Querdurchmesser des ganzen Thieres bei ausgestreckten Beinen auf 2³/₅ Mètres an. Letzterer erreicht sogar die Länge von 11 Fuss.

Cyclometopa. — Alph. Milne Edwards (Annal. soc. entom. de France 4. sér. VII. 1867. p. 265 ff.) machte folgende neue Arten und Gattungen bekannt: *Actumnus nudus* Pondichery, *Xan-*

tho bidentatus Sandwichs-Inseln, *X. nudipes* von den Seychellen und Neu-Caledonien, *crassimanus* Neu-Caledonien, *pilipes* Senegal, *Xanthodes pachydactylus* Neu-Caledonien, *Cyloxanthus lineatus* Neu-Caledonien und Lifu, *Medoeus elegans* Neu-Caledonien, *nodosus* ebendaher, *Zozymus pilosus* Neu-Caledonien, *Lophozozymus cristatus*, *actaeoides* und *pulchellus* Neu-Caledonien, *Menippe Leguillouii* aus dem Indischen Ocean, *Menippe granulosa* Batavia. — H e t e r o z i u s, nov. gen., Cephalothorax vorn abgerundet, stark niedergedrückt, Stirn schmal und hervortretend, Basalglied der äusseren Fühler die Stirn nicht erreichend; drittes Glied der äusseren Kieferfüsse sehr klein und nach vorn verschmälert; keine Mundrinne, Abdomen fünfringlig. — Art: *Heterozius rotundifrons* Neu · Caledonien. — *Panopeus Africanus* Angola. — E u r y c a r c i n u s nov. gen., von der Amerikanischen Gattung Eurytium, mit welcher sie zunächst verwandt, dadurch unterschieden, dass am Hinterleibe des Männchens sämmtliche Ringe frei sind. — Zwei Arten: *Eur. Grandidierii* von Zanzibar und *orientalis* von Bombay. — *Pilumnopeus maculatus* Zanzibar, *crassimanus* Port-Western in Neu-Holland, *Pseudosius Sinensis* China, *Epixanthus Hellerii* Gabon und Senegal, *Ruppellia granulosa* von den Marquesas-Inseln. — R u p p e l l i o i d e s (!!), nov. gen., von Ruppellia dadurch unterschieden, dass der Infraorbitallappen sich nicht mit der Stirn vereinigt, sondern dass das Basalglied des äusseren Fühlers stark entwickelt ist und sich zwischen jene beiden hindurch verlängert, so dass die Endgriffel des Fühlers innerhalb der Orbita zu liegen kommt. — Art: *Rup. convexus* Neu-Seeland. — *Pilumnus Africanus* Angola, *ovalis* Sandwichs-Inseln, *deflexus* Australien, *Trapezia acutifrons* Sandwichs-Inseln, *latifrons* ebendaher, *Goniosoma Hellerii* (G. orientale Heller) aus dem Indischen Archipel und von Neu-Caledonien.

Pilumnus hirtellus var. *Pontica* aus dem Schwarzen Meere, von C z e r n i a v s k y (Materialia ad zoograph. Pontic. compar. p. 59) beschrieben.

C a t o m e t o p a. — Alph. Milne Edwards (Annal. soc ent. de France 4. sér. VII. 1867. p. 283 ff.) beschrieb *Metopograpsus pictus* von Neu-Caledonien. — D i s c o p l a x nov. gen., aus der Grapsus-Gruppe: Cephalothorax vorn abgerundet, Stirn sehr abschüssig und schmal, Seitenränder nur mit einzelnen schwachen Zahn hinter dem Orbitalwinkel, Augenhöhlen gross, durch eine Ausrandung nach aussen hin verlängert, Augenstiele kurz, Basalglied der äusseren Fühler klein und frei, drittes Glied der äusseren Kieferfüsse lang, vorn abgestutzt; Vorderbeine gleich stark entwickelt, Gangbeine auffallend lang, besonders diejenigen des zweiten Paares; männlicher Hinterleib siebenringlig — Art: *Disc. longipes* Neu-Caledonien. — L i b y s t e s nov. gen., mit Carcinoplax nahe verwandt, unterschie-

den durch das an seinem vorderen Aussenwinkel stark erweiterte
dritte Glied der äusseren Kieferfüsse und durch das griffelförmige
Endglied der drei ersten Gangpeinpaare, während dasjenige der
hinteren zusammengedrückt und stark gewimpert ist; die Mundöffnung nach vorn sehr breit, das Basalglied der äusseren Fühler nicht
die Stirn erreichend. — Art: *Lib. nitidus* Zanzibar. — *Macrophthalmus Grandidieri* Zanzibar, *inermis* Sandwichs-Inseln und Neu
Caledonien, *laevis* Indischer Ocean, *Pinnotheres Fischerii* Neu-Caledonien.

Hilgendorf (Sitzungsber. d. Gesellsch. Naturf. Freunde zu
Berlin, 21. Jan. 1868, p. 2) machte eine vorläufige Mittheilung über
eine neue Gattung *Deckenia* (Art: *Deck. imitatrix*) von Sansibar,
welche gleichsam die Charaktere der Telphusen mit denjenigen
der Oxystomen in sich vereinigt. Mit jenen stimmt sie in der Ausmündung der männlichen Genitalien auf den Hüften und in der
Körperform, mit diesen in der Anlage der ausführenden Canäle der
Kiemenhöhlen, welche bis zum Vorderrand der Stirn reichen und
von unten her geschlossen sind, überein; die inneren Fühler stehen
in der Längsrichtung, die äusseren sind ganz in die Orbitae hineinverlegt.

v. Martens (Archiv f. Naturgesch. XXXIV. p. 18 ff.) machte
Telphusa Borneensis als n. A. aus Flüssen von Borneo bekannt und
erörtete die Art-Identität von Telph. tridentata und Sinensis M. Edw.,
welche in verschiedenen Abänderungen von den Sunda-Inseln bis
nach Siam und Hongkong verbreitet sind.

Derselbe (Monatsber. d. Berl. Akad. d. Wissensch. 1868.
p. 608 ff.) beschrieb *Telphusa Philippina, Jagori* und *picta* als n. A.
von Luzon, *transversa* von Cap York, *Sesarma oblonga* von Samar
(Philippinen).

Spence Bate (Annals of nat. hist. 4. ser. I. 1868. p. 447 f.,
pl. 21. fig. 3) stellte *Uca Cunninghami* als n. A. aus der Provinz
Rio-Janeiro auf.

Porcellanidae. Porcellana digitalis Heller var. *Pontica* aus dem
Schwarzen Meere wurde von Czerniavsky (Material. ad zoogr.
Pont. comp. p. 55) charakterisirt.

Astacina. v. Martens (Monatsber. Akad. d. Wissensch. zu
Berlin 1868. p. 612 ff.) beschrieb *Axius biserratus* n. A. Malacca,
glyptocercus n. A. Cap York, *Callianassa tridentata* n. A. Java.

Derselbe (ebenda 1868. p. 615—619) gab einen »Ueberblick
der Neuholländischen Flusskrebse.« Verf. verzeichnet im Ganzen
elf Arten, welche er nach der Consistenz der Schwanzflossen in drei
Gruppen vertheilt: a) Adominalflosse häutig, mit Kalkstückchen am
Rande: Ast. serratus White (spinifer Hell. = armatus Mart.), no-

bilis Dana und plebejus Hess. — b) Alle Blätter der Schwanzflossen in der hinteren Hälfte weichhäutig; Abdominalflossen nicht häutig (Cheraps Erichs.): Ast. quinquecarinatus Gray, *quadricarinatus* n. A. Cap York, bicarinatus Gray, Preissii Erichs. — c) Weder die Abdominal- noch die Schwanzflossen weichhäutig: Ast. Tasmanicus Erichs., Australensis M. Edw., fossor und cunicularius Erichs. — Die Abtrennung der beiden letztgenannten Arten zu der Untergattung Engaeus Er. scheint dem Verf. nicht genügend begründet.

Grube (Bericht über die Thätigkeit d. naturwiss. Sekt. der Schlesisch. Gesellsch. f. vaterl. Cultur im J. 1868. p. 29) handelte gleichfalls über einige Arten der Gattung Astacus, von denen er besonders den Ast. serratus Shaw (= Astacoides spinifer Heller) nach einem ihm vorliegenden Exemplar näher charakterisirt.

Schauer, Mittheilung über das Vorkommen des Astacus leptodactylus in den grossen Teichen zwischen Brody und Tarnopol (Verhandl. d. zoolog-botan. Gesellsch. zu Wien XVII. 1867. Sitzungsber. p. 74).

Ein prachtvoll blau gefärbtes Exemplar des Astacus fluviatilis wurde ebenda XVIII. 1868. p. 69 erwähnt.

A. Fritsch, Ueber die Callianassen der Böhmischen Kreideformation (Prag 1867. 4.) ist dem Ref. nur aus einer Buchhändler-Anzeige bekannt geworden.

Caridae. Johnson, Descriptions of a new genus and a new species of Macrurous Decapod Crustaceans belonging to the Penaeidae, discovered at Madeira (Proc. zool. soc. of Lond. 1867. p. 895—901). Die vom Verf. errichtete neue Gattung *Funchalia* soll bei sonstiger Uebereinstimmung mit Penaeus sich von dieser durch die Mandibeln, welche sich in Form zweier sichelförmiger Scheeren vor der Mundöffnung kreuzen, unterscheiden. Die Art, *Funch. Woodwardi* von Madeira, 6¹/₂ Lin. lang, ist auf ein einzelnes, an Fühlern, Augen und Stirnschnabel lädirtes Exemplar begründet. — *Penaeus Edwardsianus* n. A. von Madeira. — Den früher (1863) von ihm aufgestellten Penaeus Bocagei führt Verf. jetzt auf Pen. longirostris Lucas zurück.

Spence Bate, On a new genus with four new species of Freshwater Prawns (Proceed. zoolog. soc. of London 1868. p. 363—368. pl. 30 u. 31). Die vom Verf. aufgestellte neue Gattung *Macrobrachium* ist nach seinem eigenen Geständniss von Palaemon nur habituell und zwar durch die stark in die Länge gezogenen Scheerenbeine des zweiten Paares unterschieden. Im Uebrigen will Verf. die Selbstständigkeit der Gattung durch ihr Vorkommen im süssen Wasser begründen, wobei er jedoch übersieht, dass auch Palaemon-Arten aus solchem bekannt sind. Die vom Verf. beschriebenen und abgebildeten Arten sind: *Macrobr. Americanum* Guatemala,

Formosense von Formosa, *longidigitum* Vaterl. unbek., *Africanum*
aus dem Tambo-Fluss.

C. Semper, Some remarks on the new genus Macrobrachium
of Mr. Spence Bate (ebenda 1868. p. 585—587) weist die völlige
Identität von Macrobrachium und Palaemon nach und führt drei der
von Sp. Bate als neu beschriebenen Arten auf längst bekannte zurück:
Macr. Americanum = Palaemon Jamaicensis Herbst, Macr. Formosense = Pal. ornatus Oliv. var., Macr. Africanum = Pal. Gaudi-
chaudii Oliv. Mit letzterer Art, welche nicht aus Afrika, sondern
aus Peru stammt, ist ausserdem Palaem. caementarius Pöpp. und
Bithynis longimana Phil. identisch.

v. Martens (Archiv f. Naturgesch. XXXIV. 1868. p. 29 ff.
Taf. 1) erörterte die Artmerkmale, Geschlechts- und Altersverschie-
denheiten der Süsswasser - Palaemonen im Allgemeinen und behandelte von Ostasiatischen Arten speciell Pal. carcinus Lin., ornatus
Oliv., Idae Heller, *dispar* n. A. von Adenare bei Flores, Sinensis
Heller, *asperulus* n. A. Shanghai, *latimanus* n. A. Philippinen, Java-
nicus Heller und grandimanus Rand. — Verf. bespricht ferner
die Veränderlichkeit in der Beinbildung von Atya armata M. Edw.,
welche mit At. Moluccensis de Haan zusammenzufallen scheint,
weisst Ephyra compressa de Haan als zur Gattung Atyephyra ge-
hörig nach und beschreibt *Ephyra Haeckelii* als n. A. von Messina.

Norman. On the British species of Alpheus, Typton and
Axius, and on Alpheus Edwardsii of Audouin (Annals of nat. hist. 4.
ser. II. p. 173—178). Verf. giebt erneute Charakteristiken der drei
Englischen Alpheus- und einer Typton-Art und stellt die Synonymie
derselben, abweichend von Spence Bate folgendermassen fest: 1)
Alph. Edwardsii Aud. Hell. 2) Alph. megacheles Hailst. (= Hippolyte rubra Westw. = Alph. Edwardsii M. Edw., Sp. Bate = Alph.
affinis Guise = Alph. platyrrhynchus Hell.). 3) Alph. ruber M.
Edw., Bell, Hell. — Typton spongicola Costa (= Pontonella glabra
Heller = Typton spongicola Heller = Alph. Edwardsii Couch =
Typt. spongiosus Sp. Bate). — Crangon sculptus und fasciatus sind
nicht nur spezifisch verschieden, sondern gehören sogar verschiedenen Gruppen der Gattung an.

Derselbe (Report Brit. associat. f. advanc. of science 1866.
p. 200) machte *Hippolyte cultellata* als n. A. von den Hebriden
bekannt.

Pasiphaë Norvegica Sars (Bidrag til kundsk. Christiania-fjördens Fauna p. 42 ff., tab. 4 u. 5) n. A. von den Lofoten, 100 bis
300 Faden tief.

Virbius gracilis Heller var. *intermedia* und *longirostris* aus
dem Schwarzen Meere wurden von Czerniavsky (Mater. ad zoograph. Ponticam comparat. p. 53 f., Taf. 5) beschrieben.

Schizopoda. C l a u s, Ueber die Gattung Cynthia als Geschlechtsform der Mysideen-Gattung Siriella (Zeitschr. f. wissensch.
Zoolog. XVIII. 1868. p. 271—279. Taf. 18) lieferte den interessanten
Nachweis, dass die Gattung Siriella Dana von Cynthia Thomps. nur
sexuell verschieden sei, indem erstere nur Weibchen, letztere nur
Männchen enthalte. Eine vom Verf. als Cynthia Edwardsii bezeichnete Art wurde nach beiden Geschlechtern an der Küste von Val-
paraiso gesammelt. Was D a n a als Männchen von Siriella beschreibt,
ist ein jugendliches, noch unentwickeltes Weibchen. Die für Siriella
und Cynthia angegebenen generischen Unterschiede beschränken sich,
bei sonstiger Uebereinstimmung im Bau des Cephalothorax, der
Augen, der Schreitbeine u. s. w., auf den verbreiterten und gewim-
perten Pedunkulus der oberen Fühler des Männchens (Cynthia) und
die allerdings auffallend differente Bildung der Schwimmbeine des
Postabdomen, welche beim Weibchen (Siriella) sehr rudimentär,
dünn geisselförmig, beim Männchen dagegen sehr kräftig entwickelt,
zweiästig und mit Kiemenanhängen versehen sind. Doch sind ähnliche sexuelle Unterschiede auch anderen Mysideen-Gattungen (Mysis,
Nematopus) nicht fremd. Verf. unterwirft den äusseren Körperbau
beider Geschlechter einer speziellen Schilderung, in welcher verschiedene von D a n a gemachte Angaben berichtigt werden. Ob das
Weibchen der vom Verf. beschriebenen Art mit einer der Dana'schen
Siriella-Arten identisch ist, lässt sich nicht entscheiden; auf das
Männchen könnte sich möglicher Weise die Cynthia Thompsonii Edw.
und auf ein jüngeres Individuum die Cynth. inermis Kroyer beziehen.

Siriella Ialtensis n. A. aus dem Schwarzen Meer, von C z e r-
n i a v s k y (Material. ad zoograph. Ponticâm comparat. p. 50 f., Taf. 4.
fig. 12 u. 13) beschrieben und abgebildet.

Squillina. K e s s l e r, Ueber die Squilla eusebia Risso (Horae
societ. entom. Rossic. IV. 1867. p. 41—48, Taf. 1. fig. 5). Verf
erhielt aus dem Mittelmeer ein Exemplar einer zur Untergattung
Coronis gehörenden Squilla, welches er der äusserst seltenen, weder
von Milne E d w a r d s noch von H e l l e r gekannten Squilla eusebia
Risso zurechnet. Verf. widerlegt die von D e s m a r e s t gemuthmasste
Identität dieser Art mit Squ. scolopendra Latr. und giebt von derselben eine ausführliche Charakteristik und exakte Abbildung.

Cumacea. *Diastylis lamellata* N o r m a n (Report Brit. assoc.
f. advanc. of science 1866. p. 200) n. A. von den Hebriden.

H e s s e (Annal. d. scienc. natur. 5. sér. Zoolog. X. p. 347—362.
pl. 19) machte als n. A. von der Küste Frankreichs bekannt: *Cuma
terginigra, punctata. rufa. fasciata* und *parva.* Von ersterer Art
wird neben Männchen und Weibchen auch der Embryo beschrieben
und abgebildet.

Czerniavsky (Material. ad zoograph. Pontic. compar. p. 48
Taf. 5. fig. 1) charakterisirte eine neue Cumaceen-Gattung *Strauchia*
folgendermassen: Cephalothorax bauchig, mit kurzem Schnabel;
fünf freie Thoraxringe, der erste sehr kurz. Obere Fühler unge-
spalten, kürzer als der Cephalothorax, untere sehr dünn und klein.
Nur das 2. und 3. Beinpaar beim Weibchen mit Tasteranhang, das
4. und 5. mit langen Borsten an den beiden vorletzten Gliedern,
das Endglied klauenförmig. Mittlerer Schwanzanhang unbewehrt,
kürzer als der Stamm der seitlichen; diese verlängert, ihre Griffel
gegliedert, mehr denn dreimal so lang als der Stamm. Augen gross.
-- Art: *Strauchia Taurica* aus dem Schwarzen Meer.

Amphipoda.

Norman, On Crustacea Amphipoda new to science
or to Britain (Annals of nat. hist. 4. ser. II. 1868. p. 411
—420. pl. 21—23) charakterisirte eine Anzahl theils neuer,
theils unvollständig bekannter, von den Englischen Küsten
stammender Arten, welche zum Theil neue Gattungen
bilden. Einige andere bei den Hebriden aufgefundene
Arten macht Verf. im Report of the British associat. f.
advanc. of science 1866. p. 193 ff. bekannt.

In ersterer Zeitschrift werden folgende Gattungen und Arten
abgehandelt: Haploops Lilljeb. mit Hapl. tubicola Lilljeb. (Ampelisca
Eschrichti Lilljeb.). — *Tessarops*, nov. gen., durch vier Augen ausgezeichnet, von denen zwei grosse über dem Ursprung der oberen
Antennen, zwei fast einfache unter jenen, an der Basis der oberen
Antennen liegen. Fühler-Anhang schlank, beide Kieferfusspaare
einfach, letztes Beinpaar kurz. Postabdomen mit gezähnten Se-
gmenträndern, Schwanzplatte schuppenförmig, letztes Paar der Pedes
spurii zweiästig. — Art: *Tessar. hastata* (ob = Tiron acanthurus
Lilljeb.? = Syrrhoë bicuspis Goës?) — Nicippe Bruz. mit Nic.
tumida Bruz.. Eriopis Bruz. mit Eriop. elongata Bruz., Maera Loveni
Bruz. und *Batei* u. A. — *Helleria* nov. gen., Augen zusammen-
gesetzt, obere Antennen schlank, viel kürzer als die unteren, mit
Anhang. Beide Kieferfusspaare etwas scheerenförmig, letztes Beinpaar kurz, mit langen, gefiederten Borsten besetzt. Am Postabdomen der 5. und 6. Ring verschmolzen; letztes Paar der Pedes
spurii zweiästig. — Art: *Hell. coalita.* — *Microprotopus*, nov. gen.,
mit Microdeuteropus nahe verwandt, aber dadurch unterschieden,
dass das zweite Kieferfusspaar grösser als das erste und dass das
letzte Paar der Pedes spurii nur einästig ist. — Art: *Micr. maculatus.*

Die letztgenannte Gattung wird gleichzeitig im Report Brit. associat. 1866. p. 201 ff. charakterisirt; ausserdem: *Iphithoë serrata*. *Anonyx melanophthalmus* und *Euonyx* (nov. gen., von Anonyx durch scheerenförmiges erstes Kieferfusspaar und stärkeres, fast scheerenförmiges zweites unterschieden) *chelatus*, n. A.

Die von S. Czerniavsky (Material. ad zoograph. Pontic. comparat.) bekannt gemachten neuen Amphipoden des Schwarzen Meeres vertheilen sich auf folgende Familien:

Caprellina: *Protella typica* und *intermedia*. *Caprella protelloides, ferox* und *Danilevskii* n. A. (p. 75 ff. Taf. 7).

Chelurida: *Chelura Pontica* n. A. (p. 79. Taf. 7).

Corophiidae: Cerapus macrodactylus Dana var. *Pontica*, pugnax Dana var. *Pontica, bidens* n. A., *Podocerus dentex* n. A., *Sunamphithoë valida* n. A., Amphithoë Vaillanti Luc. var. *Pontica.* — *Grubia*, nov. gen. Am Pedunculus der oberen Antennen das erste, an den unteren die beiden ersten Glieder verdickt, die beiden folgenden lang und dünn. Geissel beider Fühlerpaare lang und vielgliederig, die oberen mit eingliederiger Anhangsgeissel. — Art: *Grub. Taurica*, (p. 81 ff. Taf. 8).

Gammarina: *Niphargus Ponticus, Pherusa Pontica* n. A., Dexamine spiniventris Costa var. *Pontica, Probolium Ponticum* n. A. (p. 92 ff. Taf. 8).

Orchestiidae: Nicea Perieri Luc. var. *Pontica* und *brevicornis*, Orchestia Bottae M. Edw. var. *feminaeformis* (p. 100 ff.).

In Spence Bate's und Westwood's British sessil-eye Cdrustacea II. p. 497—524 sind nachträglich noch mehrere neue Arten aus den Familien der Gammarina und Hyperina bekannt gemacht worden, von denen eine gleichzeitig zu einer neuen Gattung erhoben wird.

Gammarina: *Orchestia brevidigitata, Opis leptochela* und *quadrimana*. — *Lepidepecreum*, nov. gen. aus der Lysianassa-Gruppe. von Anonyx durch den Mangel eines Nebenanhanges an den oberen Fühlern unterschieden; das erste Glied des Pedunculus schnabelförmig ausgezogen und den übrigen Fühler überdachend. Kopf unterhalb desselben stark nach vorn heraustretend. — Art: *Lepid. carinatum*, vielleicht nur das junge Weibchen von Anonyx longicornis. — *Monoculodes longimanus, Kroyera brevicarpa* und *Megamoera multidentata* (Norman mscpt.).

Hyperina: *Hyperia tauriformis, prehensilis* und *Vibilia borealis* n. A.

Packard (Memoirs Boston soc. of nat. hist. I. 2. p. 298—
300. pl. 8) gab Beschreibungen und Abbildungen von Atylus (Pa-
ramphithoë) inermis Kroyer, *Monoculodes nubilatus* n. A., Ampelisca Gaimardi und Pontoporeia femorata Kroyer von Labrador.

Orchestia humicola v. Martens n. A. aus Japan, auf einer Wiese
zwischen feuchtem Laube gefangen (Arch. f. Naturgesch. XXXIV.
p. 56 f.).

Urothoë marinus Sp. Bate var. *pectinatus* Grube von St..Vaast-
la Houguo (a. a. O. p. 29. Taf. 1. fig. 1).

Isopoda.

Spence Bate und Westwood (British sessil-
eyed Crustacea II. p. 115) theilen nach einer kurzen Charakteristik des Isopoden-Körperbaues diese Ordnung zunächst in die beiden Hauptgruppen der Isopoda aber-
rantia und normalia. Zu der ersteren rechnen sie die
Tanaidae, Anthuridae und Anceidae, von denen die beiden ersten zusammen als „Vagantia," die letzteren als
„Subparasitisa" bezeichnet werden. Die Isopoda normalia
zerfällen sie in Aquaspirantia und Aërospirantia, indem
sie unter letzteren die Onisciden, unter ersteren alle noch
übrig bleibenden Formen begreifen. Die Aquaspirantia
theilen sie wieder a) in Parasitica (Bopyridae, Cymothoidae
und Aegidae) und b) in Liberatica (Asellidae, Munnopsi-
dae, Arcturidae, Idoteidae und Sphaeromidae).

Die Britische Fauna ist in dem Werk der beiden Verf. durch
folgende Gattungen und Artenzahlen vertreten:

Tanaidae: Tanais 2 A., Leptochelia 1 A., Paratanais 2 A.,
Apseudes 2 A.

Anthuridae: Anthura 1 A., Paranthura 1 A.

Anceidae: Anceus 5 A., wovon 4 als zweifelhaft bezeichnet
werden; die Beziehungen von Anceus zu Praniza werden hier einer
eingehenden Erörterung unterworfen.

Bopyridae: Bopyrus 1 A., Gyge 2 A., Phryxus 6 A.,
Jone 1 A., Cryptothiria (Liriope Rathke, Hemioniscus Buchh.) 2 A.

Aegidae: Aega 4 A., Rocinela 1 A., Cirolana 2 A., Conilera 1 A., Eurydice (Slabberina v. Bened.) 1 A.

Asellidae: Jaera 2 A., Munna 2 A., Leptaspidia 1 A., Ja-
nira 1 A., Asellus 1 A., Limnoria 1 A.

Arcturidae: Arcturus 3 A.
Idoteidae: Idotea 7 A.
Sphaeromidae: Sphaeroma 5 A., Dynamene 3 A., Cymo-
docea 2 A., Naesa 1 A., Campecopea 2 A.
    Oniscidae: Ligia 1 A., Philoscia 2 A., Philougria 3 A., Pla-
tyarthrus 1 A., Oniscus 2 A., Porcellio 7 A., Armadillo 1 A.

Von neuen Arten werden im Ganzen 9 bekannt gemacht,
welche sich auf die Familien der Tanaidae (2), Anceidae (1 , Bopyridae (4), Asellidae (2) und Idoteidae (1) vertheilen; dieselben sind
nebst einer den Aselliden angehörigen neuen Gattung an ihrem
Ort namhaft gemacht.

Asellina. Ant. Dohrn (Zeitschr. f. wissensch.
Zoolog. XVII. 1867. p. 221—278. Taf. 14 und 15) hat die
embryonale Entwickelung des Asellus aquaticus zum Gegenstand einer umfassenden Darstellung gemacht. Von
den drei Abschnitten, in welche dieselbe zerfällt, behandelt der erste die Entstehung der Keimhaut, des Keimstreifens, die Bildung der — gleich nach der Anlage des
Keimstreifens auftretenden — sogenannten blattförmigen
Anhänge (Rathke), die mediane Furchung des Keimstreifens, die Anlage der späteren Gliedmaassen, von denen
die beiden Maxillenpaare zuerst zu entstehen scheinen,
während die sechs Beinpaare sich erst nach Abschnürung
der beiden Fühlerpaare, der Mandibeln und der Unterlippe (drittes Maxillenpaar) bemerkbar machen; ferner
die weiteren Veränderungen am Keimstreifen, die Anlage des Postabdomen und der Kiemen, die Entstehung
des vom Verf. unpassend als „accessorische Mundtheile"
bezeichneten, zwischen Mandibeln und Maxillen hervortretenden zweilappigen Vorsprunges (welcher, wie sich
leicht nachweisen lässt, der Gliedmaassen-Reihe nicht
angehört, dessen übrigens im Gegensatz zu der Behaup-
tung des Verf.'s sowohl in zoologischen Handbüchern wie
in Special-Abhandlungen überall Erwähnung geschieht),
die Bildung des Afters, des Kopftheiles und der Oberlippe, so wie die weitere Entwickelung der Gliedmaassen.
Während dieser Periode wird das Chorion durch das
seitliche Hervortreten der blattförmigen Anhänge, so wie
durch das Wachsthum des Embryo überhaupt gesprengt;

dagegen hat sich innerhalb der inneren Eihaut eine von
Fr. Müller als Larvenhaut bezeichnete zweite Hülle
gebildet. — In dem zweiten Abschnitt behandelt Verf.
neben der Entwickelung der Leber, des Magens, Darms
und Rückengefässes die Ausbildung der Körperwandung
und die weitere der Gliedmaassen bis zu dem Zeitpunkt,
wo am Embryo die ersten Bewegungserscheinungen auf-
treten; in dem dritten diejenigen Veränderungen, welche
während des letzten Embryonalstadiums vor sich gehen.

Hesse, Description d'un nouveau Crustacé apparte·
nant au genre Limnorie (Annal d. scienc. natur. 5. sér.
X. 1868. p. 101—119. pl. 19). Der Beschreibung einer
neuen Art der Gattung Limnoria, welche er in ihrer Lebensweise erörtert, fügt Verf. auch einige Angaben über
die inneren Organe und über die Bildung des Embryo
im Eie hinzu.

Die mit dem Namen *Limnoria xylophila* belegte neue Art
bewohnt in zahlreichen Individuen submarine Hölzer, besonders
Fichtenholz, welches sie durchlöchert und zerstört. Sie zeichnet
sich durch verbreiterte und abgeflachte, dicht buschig behaarte
äussere Fühler und besonders durch die auffällige Bildung des Hin-
terleibsendes mit seinen Anhängen aus. Beim Männchen endigt
der grosse Endring des Postabdomen in einen starken, mittleren
Dorn, zu dessen Seiten zwei senkrecht gestellte, stark gezähnte,
grosse rundliche Lamellen artikuliren. Das Endglied des letzten
Paares der Pedes spurii ist stark verlängert, beträchtlich länger
und schmaler als beim Weibchen, seine Ränder scharf gezähnt. —
Die Art lebt in Gesellschaft von Limnoria terebrans, ist aber weniger häufig.

Von Spence Bate und Westwood (British sessil·eyed
Crustacea II. p. 329 ff.) wurden als neue Englische Formen bekannt
gemacht: *Munna Whiteana* n. A. — *Leptaspidia* nov. gen., Körper
von birnförmigem Umriss, abgeflacht, an den Seiten gewimpert;
innere Fühler fast von ¹/₃ der Länge der äusseren, ·Beine mit
einfachem spitzem Klauengliede, Augen verkümmert; Postabdomen
eiförmig, mit ganzrandiger Spitze. — Art: *Lept. brevipes,* ¹/₃₀ Zoll
lang. — *Idotea parallela* (chelipes Costa, nec Fabr.) n. A.
Idotea marmorata Packard (Memoirs Boston soc. of nat. hist
I. 2. 1867. p. 296. pl. 8. fig. 6) n. A. von Labrador.

Praniilidae. *Anceus Halidaii* (? = formica Hesse) n. A. aus England (Sp. Bate und Westwood, Brit. sessil-eyed Crust. II. p. 203).

Tanaidae. *Paratanais rigidus* und *Paranthura Costana* (Anthura gracilis M. Edw.) n. A. aus England, von Spence Bate und Westwood (a. a. O. II. p. 141 u. 165).

Oniscodea. V. v. Ebner. *Helleria*, eine neue Isopoden-Gattung aus der Familie der Oniscoidea (Verh. d. zoolog.-bot. Gesellsch. XVIII. 1868. p. 95—114. Taf. 1). Die unter dem — gleichzeitig bei den Amphipoden vergebenen — Namen *Helleria* publicirte neue Gattung ist von ovalem, halbcylindrischem und zum Zusammenkugeln befähigtem Körper, an dessen Postabdomen die fünf vorderen Segmente zu einem gemeinsamen Rückenschilde verschmolzen sind. Die Fühler sind verhältnissmässig kurz, bestehen aus drei gedrungenen Basal- und drei langgestreckten Endgliedern, deren letztes an der Spitze noch einen sehr kurzen, zweigliedrigen Endgriffel trägt. Die kleinen Fühler sind ganz verkümmert. — Art: *Hell. brevicornis*, 20 Mill. lang, von Ajaccio auf Corsika. — Verf. stellt die Gattung trotz der abweichenden Bildung des Postabdomen in die nächste Beziehung zu Tylos Latr. und reiht an die ausführliche Charakteristik derselben eine vergleichende Betrachtung der Familie der Tylinen an.

Armadillo Cacahuamilpensis Bilimek (ebenda XVII. 1867. p. 907) n. A. aus einer Höhle in Mexiko.

Lucas (Bullet d. l. soc. entom. de France 1868. p. 91) fand Platyarthrus Hoffmannseggii an der Küste bei Roscoff.

Cymothoadae. Czerniavsky (Material. ad zoograph. Ponticam comparat. p. 65) verwandte den Namen *Helleria* zum dritten Male für eine neue, mit Euridice Leach zunächst verwandte Gattung mit langgestrecktem Körper, grossem, hervortretendem Kopf, grossen Augen und sechsringligem Hinterleib, dessen Endsegment gross und rundlich dreieckig ist. Innere Fühler kürzer, äussere lang; Beine des ersten Paares mit schwacher Scheere. — Art: *Hell. Pontica* auf Taf. 6. fig. 4—6 abgebildet. — *Livoneca Taurica* n. A. (ebenda p. 113).

Norman, On two Isopods, belonging to the genera Cirolana and Anilocra, new to the British Isles (Annals of nat. hist. 4. ser. II. 1868. p. 421 f. pl. 23) beschrieb *Cirolana truncata* n. A. von den Shetlands-Inseln und Anilocra mediterranea Leach von der Englischen Küste.

Aega spongiophila Semper (Archiv f. Naturgesch. XXXIII. 1867. p. 87) n. A. von den Philippinen, im Kieselgerüst von Euplectella aspergillum vorkommend.

Aega (Conilera) interrupta v. Martens (ebenda XXXIV. 1868. p. 58 f. Taf. 1. fig. 3) n. A. von Borneo, am Kiemendeckel des Süsswasser-Fisches Notopterus hypselonotus gefunden.

Bopyrini. Spence Bate und Westwood (British sessil-
eyed Crustacea II. p. 225–246) machten folgende neue Arten aus
den Englischen Meeren bekannt: *Gyge Galatheae* auf Galathea squamifera, *Phryxus fusticaudatus* an den Kiemen von Pagurus Bernhardus, *Phryxus Hyndmanni* an Pagurus, *Phryx. longibranchiatus*
an Pagurus Thompsoni.

Bopyrus ocellatus Czerniavsky (Mater. ad zoograph. Pontic.
compar. p. 63. Taf. 6. fig. 1—3) n. A. aus dem Schwarzen Meer.

Bopyrus mysidum Packard (Memoirs Boston soc. of nat.
hist. I. 2. p. 295. pl. 8. fig. 5) n. A. von Labrador.

Hesse (Annal. d. scienc. natur. 5. sér. Zool. VII. 1867. p. 125
—134 u. p. 136—141. pl. 2 u. 3) gab Beschreibungen und Abbildungen von einer Reihe jugendlicher Isopoden-Formen, welche aller
Wahrscheinlichkeit nach sämmtlich den Bopyrinen angehören. Die
eine derselben stimmt der Hauptsache nach mit der von Lillje-
borg als erstes Entwickelungsstadium der Liriope pygmaea bekannt
gemachten Form überein, während die übrigen durch die schmalere
Körperform mehr an die Rathke'sche Liriope erinnern. Die beiden
weiter entwickelten Formen scheinen in der That, wie Verf. es annimmt, ein späteres Stadium jener ersten zu repräsentiren, da sie
sich bei sonstiger Uebereinstimmung nur durch den verschieden
geformten Kopf und die bereits ausgebildeten Augen unterscheiden.
Die Annahme Hesse's, dass diese Isopoden in die Entwickelungsreihe von Cirripedien (Anatifa, Balanus) gehören, ist natürlich vollständig aus der Luft gegriffen. Wahrscheinlicher ist es, dass sie
als Larvenformen einem Parasiten der Cirripedien angehören.

Trilobitae.

Val. von Moeller, Ueber die Trilobiten der Steinkohlenformation des Ural, nebst einer Uebersicht und
einigen Ergänzungen der bisherigen Beobachtungen über
Kohlen-Trilobiten im Allgemeinen (Bullet. d. natur. de
Moscou, Bd. 40. I. 1867. p. 120—200. Taf. 2). Verf. unterwirft sämmtliche über Trilobiten der Steinkohlenformation handelnde Publikationen in chronologischer Reihenfolge einer eingehenden kritischen Besprechung, erörtert die Artrechte, resp. die Synonymie der in denselben aufgestellten Arten und kommt dabei zu dem
Resultat, dass alle Trilobiten der Steinkohlenformation
sich auf die Gattungen Phillipsia und Brachymeto-

pus beschränken, dass von den 30 bisher aufgestellten Phillipsia-Arten drei zu Brachymetopus gehören und dass unter den übrigen nur neun als sichere Arten anzuerkennen sind.

Als neue Arten beschreibt Verf. ausführlich: *Phillipsia Roemeri* (Taf. 2, fig. 5—21) aus dem Ural und *Grünewaldti* (Phill. indeterminata Grünew.) aus dem Gouvernement Ufa (Taf. II. fig. 22—31).

Alex. Winchell and Oliv. Marcy, Enumeration of Fossils collected in the Niagara Limestone at Chicago, Illinois, with descriptions of several new species (Memoirs read before the Boston soc. of nat. hist. I. 1. p. 81—112. pl. 2 u. 3). Es werden hier u. A. (p. 103 ff. pl. 3) folgende neue Trilobiten bekannt gemacht: *Lichas pugnax* und *decipiens, Bronteus occasus, Illaenus (Bumastus) Worthenanus* und *Acidaspis Ida*.

Branchiopoda.

Phyllopoda. Klunzinger. Ueber Branchipus rubricaudatus, nov. spec. (Zeitschr. f. wissensch. Zoolog. XVII. 1867. p. 23—33. Taf. 4). Verf. macht unter obigem Namen eine neue, bei Kosseir am Rothen Meere in Regenbehältern nach beiden Geschlechtern aufgefundene Art bekannt, deren Männchen sich durch sehr auffallend geformte Greifantennen auszeichnet. Dieselben sind von halber Körperlänge, vielfach gewunden und ausgezackt, an der Basis des zweiten Gliedes mit einer Anhangsgeissel versehen, am Ende zweispaltig; der eine Ast äusserst langgestreckt und schmal, am Innenrande gezähnt. — Verf. beschreibt diese Art ausführlich nach ihrem äusseren Körperbau und fügt ausserdem kurze Angaben über die beiderseitigen Geschlechtsorgane, den Darmkanal und das Herz bei.

Jäckel. Zur Naturgeschichte des Apus cancriformis (Corresp.-Bl. d. zool. mineralog. Vereins zu Regensburg XXI. 1867. p. 51 f.). Verf. verzeichnet in dieser Mittheilung die verschiedenen bisher bekannt gewordenen Fundorte des Apus cancriformis in Baiern. Er selbst fand eine grössere Anzahl weiblicher Individuen noch Mitte Octobers 1866 in einem nur mit wenigem Wasser versehenen und täglich von einer Rinderheerde durchwateten Graben, selbst nachdem schon gelinder Frost eingetreten war. Die mit Kaulquappen und jungen Kröten in ein Gefäss zusammengesperrten Krebse nagten jenen die Schwänze und Beine ab und nährten sich dauernd von ihnen. Verf. schliesst hieraus, dass die Froschlarven auch im Freien die Hauptnahrung des Apus bilden.

Singer (ebenda XXII. 1868. p. 158) erwähnt gleichfalls des

Vorkommens des Apus cancriformis und des Branchipus stagnalis
bei Regensburg.

Nach Grube (Bericht über d. Thätigk. d. naturwiss. Sekt. d.
Schlesisch. Gesellsch. für vaterl. Cultur im J. 1868. p. 29) ist Lim-
netis brachyurus und Estheria tetracera jetzt auch in Schlesien, bei
Breslau aufgefunden werden.

Morse (Proceed. Boston soc. of nat. hist. XI. p. 404) erwähnt
der Entdeckung einer Limnadia in Amerika, der ersten bis jetzt bekannten dieses Erdtheiles. Er nennt sie *Limnadia Americana* und
erwähnt des auf Häutungen beruhenden Wachsthums der zweiklappigen Schale durch concentrische Ringe.

Verrill (ebenda XI. p. 111) erwähnt auch einer in dem Californischen Salzsee Mono entdeckten Artemia-Art, gleichfalls der
ersten aus Amerika bekannt gewordenen.

Cladocera. Ueber die Entwickelungsgeschichte dieser
Familie liegen äusserst sorgsame, durch vorzügliche Abbildungen erläuterte Beobachtungen von P. E. Müller
in dessen: „Bidrag til Cladocerernes Forplantningshi-
storie" (Schiödte's Naturhist. Tidsskr. 3. Rack. V. p. 295
—354. tab. XIII. — auch im Separatabdruck, 8. Kjöbenhavn 1868) vor. Verf. behandelt in dieser umfangreichen
Arbeit nach Beobachtungen an Holopedium gibberum,
Daphnia galeata, Leptodora hyalina, Bythotrephes Ceder-
stroemii und Sida crystallina die Entstehung des Eies im
Innern des Ovariums, die Anlage und Ausbildung des
Embryo innerhalb der in die Bruthöhle gelangten sogenannten Sommer-Eier und die nach dem Ausschlüpfen
des jungen Thieres vor sich gehenden postembryonalen
Veränderungen. Sodann stellt er die Eibildung der Cladoceren in Vergleich mit derjenigen gewisser Insekten
und findet, dass sie gleichsam die Mitte halten zwischen
derjenigen der Miastor-Larven einer- und der Schmetter-
linge und Dipteren andererseits. Die Bildung der Ovarium und der Eikeime im Embryo finde bei den Cladoceren in ähnlicher Weise wie bei den Aphiden statt.
Ihre Fortpflanzung stimme zwar in der abwechselnden
Erzeugung befruchtungsfähiger und jungfräulicher Eier
mit derjenigen der Aphiden überein, weiche aber darin
ab, dass beide von einem und demselben Weibchen pro-

ducirt würden; den Coccinen und Psychiden gegenüber
bestehe wieder die Unähnlichkeit der beiderseitigen Eier.
Sie halte daher gleichsam die Mitte zwischen einer Par-
thenogenesis und einem Generationswechsel. — Der in
dänischer Sprache abgefassten ausführlichen Abhandlung
lässt Verf. einen Auszug in lateinischer Sprache folgen,
aus welchem wir Folgendes hervorheben:

Eibildung. Im Eierstock der jungen oder heranwachsenden
Weibchen findet sich gegen den kurzen Eileiter hin ein Haufen
dickwandiger und mit einem Nucleus versehener kleiner Bläschen
im Protoplasma suspendirt vor. Letzteres sondert sich in bestimmt
abgegrenzte Theile, deren jeder ein Bläschen gleichsam als Kern
einschliesst. Auf diese Art entstehen Zellen, von denen sich je vier
in einer Reihe liegende gegen einander abschnüren; jedes solches
Päckchen umgiebt sich bei Holopedium mit einer gemeinsamen
feinen Membran. In einer der beiden mittleren Zellen entstehen
sodann Dotterkörnchen und meist auch (Daphniden — nicht bei
den Polyphemiden) ein rothgelber Oeltropfen, welcher jedoch den
Winter-Eiern stets fehlt. Während nun diese einzelne mit Dotter
gefüllte Zelle an Umfang zunimmt, behalten die drei übrigen eines
Päckchens zuerst ihre Grösse bei, um später abzunehmen; in jener
einzelnen mehrt sich die Zahl und Grösse der Dotterkörnchen, dagegen verschwindet das zuerst centrale, dann peripherisch gewor-
dene Keimbläschen allmählig ganz. Mit der Zeit erscheint an der
Oberfläche dieser vergrösserten Zelle eine mit sehr kleinen Dotter-
körperchen versehene durchsichtige Plasma-Schicht, welche sich zugleich mit über die drei in der Abnahme befindlichen Zellen aus-
dehnt und diese so ganz eingehen lässt. In diesem Zustand tritt
die Einzelzelle als Ei, welchem eine Dotter-Membran fehlt, in den
Brutraum der weiblichen Cladoceren. Bei einigen Arten (Polyphemus. Moina) scheinen die Sommer-Eier nur aus einer einzelnen
Zelle zu entstehen; auch entbehren sie des Nahrungsdotters gänzlich.
Von den Winter-Eiern unterscheiden sich die Sommer-Eier, wie es
scheint, durch die Grösse und die Zusammensetzung des Nahrungsdotters, welchem der gelbe Oelfleck fehlt.

Embryonal-Entwickelung. In die Matrix gelangt, umgiebt sich das Ei mit einer aus Plasma gebildeten Dottermembran
(die Winter-Eier mit dem aus einer Hautdrüsen-Absonderung gebildeten Ephippium); sodann zeigen sich an seiner Oberfläche grosse,
platte Zellen, welche, indem sie sich fortwährend theilen, die Keimhaut bilden. Diese sondert sich in eine oberflächliche und in eine
tiefere Lage (Primitivtheile); die Zellen der letzteren wachsen in

die Tiefe des Eies hin aus und bewirken daher ihre Verdickung. An
diesem inneren Theil der Keimhaut entstehen ohne Anlage von
Keimwülsten durch zarte Furchungen die ersten Anlagen der späteren
Gliedmaassen des Embryo und zwar in querer Richtung und
continuirlicher Reihenfolge die sechs Beinpaare (Leptodora), vor denselben die Kiefer und kleinen Fühler, an der Aussenseite und in
der Längsrichtung die grossen Ruderfühler. Gleichzeitig wird auch
der After und die Oberlippe angelegt. Bei fortschreitender Entwickelung sondern sich die einzelnen Rumpftheile deutlicher von
einander und die Gliedmaassen heben sich schärfer ab; nachdem
die Ruderfühler in ihren Spaltästen frei geworden, tritt an der Bauchseite des Hinterleibs ein kleiner Körnchen-Haufen als erste Anlage
der Eierstöcke auf, etwas später mit stärkerer Längsstreckung des
Körpers das Rudiment der zweiklappigen Schale als Duplikatur der
Rückenhaut. Nachdem der bis dahin an der Bauchseite angesam-
melte Dotterrest verschwunden, erscheint der den Körper durchzie-
hende Darmkanal vollständig ausgebildet, während Oesophagus und
Magen noch von einem zelligen Körper bedeckt sind. Kurz vor
dem Ausschlüpfen des jungen Thieres besteht das Ovarium aus einem
geschlossenen sackförmigen Bläschen, welches kleine, frei in Plasma
schwimmende Zellen enthält.

Eine zweite, gleichfalls sehr ausgezeichnete Arbeit
desselben Verfassers: „Danmarks Cladocera" ved P. E.
Müller (Naturhist. Tidsskr. 3. Raek. V. p. 53—240. tab. I
—VI. — Im Separatabdruck: Kjöbenhavn, 1867. 188 pag.
in 8. c. 6 tab.) ist vorwiegend systematischen und faunistischen Inhalts, indem sie die bis jetzt in Dänemark
aufgefundenen Cladoceren durch genaue Beschreibungen
und zahlreiche, vortrefflich ausgeführte Abbildungen zur
Kenntniss bringt, nicht minder aber auch in anatomischer
und histiologischer Hinsicht wichtig. Insbesondere sind
es die Hautstruktur, die Sinnesorgane, die beiderseitigen
Geschlechtsapparate u. s. w., über welche Verf. nicht nur
in einem vorausgeschickten allgemeinen Theil umfassende
Angaben macht, sondern auf welche er auch bei den
einzelnen Familien, Gattungen und Arten wiederholt
näher eingeht, um die darauf bezüglichen Untersuchungen Leydig's zu ergänzen und zu vervollständigen.
Nach der vom Verf. gegebenen systematischen Darstellung ist die Cladoceren-Fauna Dänemarks eine ebenso

mannigfaltige an Gattungen wie reich an Arten; unter letzteren findet sich trotz der mehrfach erforschten nordeuropäischen Fauna der Süsswasser-Crustaceen eine ansehnliche Zahl neuer oder unvollständig bekannter Arten, welche auch in Rücksicht auf ihre Synonymie einer gründlichen Erörterung unterzogen werden. Die vom Verf. gegebene Eintheilung und Anordnung der Gattungen ist (unter Angabe der Arten-Zahlen) folgende:

Fam. 1. *Daphnidae.* Pedes vibratiles, lamellati, obscure articulati, valvulis obtecti.

Subfam. 1. *Sidinae.* Pedes utrinque sex, omnes habitu aequales, foliacei. Coparum ramus alter 2—3 articulatus, alter 2—3 articulatus aut in mare 2 articulatus, in femina nullus. — Gattungen: a) Latona, Sida, Daphnella. b) Holopedium.

Subfam. 2. *Daphninae.* Pedes utrinque 4—6, habitus inaequalis, ex parte modo foliacei. Coparum ramus alter 3-, alter 4 articulatus. — Gattungen: a) Daphnia, Simocephalus. Scapholeberis, Ceriodaphnia, Moina. b) Macrothrix, Drepanothrix, Lathonura, Bosmina, Acantholeberis, Iliocryptus.

Subfam. 3. *Lynceinae.* Pedes utrinque 5—6, habitus inaequalis, ex parte modo foliacei. Coparum ramus uterque 3 articulatus. — Gattungen: a) Eurycercus. b) Camptocercus, Acroperus, Alonopsis, Alona, Phrixura. Pleuroxus, Chydorus, Monospilus

Fam. 2. *Polyphemidae.* Pedes prehensiles, subteretes, manifesto articulati, liberi.

Subfam. 1. *Polypheminae.* Pedes utrinque 4. Coparum ramus alter 3-, alter 4-articulatus. — Gattungen: Polyphemus, Bythotrephes, Podon, Evadne.

Subfam. 2. *Leptodorinae.* Pedes utrinque 6. Coparum ramus uterque 4 articulatus. — Gattung: Leptodora.

Die einzelnen Gattungen sind in Dänemark folgendermaassen repräsentirt: Latona 1, Daphnella 2, Sida 1, Holopedium 1 A. — Daphnia 7 A. (neu: *D. pellucida*), Simocephalus 3, Scapholeberis 1, Ceriodaphnia 7 A. (neu: *Cer. punctata* und *laticaudata* = quadrangula Sars). Moina 1. Macrothrix 2, Drepanothrix 1, Lathonura 1, Bosmina 7 A. (neu: *Bosm. microps, maritima, brevirostris* und *diaphana*), Acantholeberis 1, Iliocryptus 1 A. — Eurycercus 1, Camptocercus 3, Acroperus 3 A. (neu: *Acr. cavirostris*), Alonopsis 1, Alona 13 A. (neu: *Al. oblonga* =? quadrangularis Liev., Lilljeb., *sanguinea, dentata*), *Phrixura* nov. gen.. »Caput immobile, impressione nulla a thorace disjunctum, testa lata, non carinata obte-

ctum. Oculus adest. Testa corporis lata, oblonga: longitudo mar-
ginum caudalium altitudine maxima animalis paulo minor. Cauda
mediocris. teres, apice obtuso, dentibus sparsim obsita, unguibus
minimis, dentes magnitudine vix superantibus. — Art: *Phrix. recti-
rostris.* — Pleuroxus 6. Chydorus 2. Monospilus 1 A. — Polyphemus 1, Bythotrephes 1, Podon 2, Evadne 2 A. (neu: *Ev. spinifera*
= Ev. Nordmanni Lilljeb. nec Lovén), Leptodora 1 A.

    Von Czeruiavsky (Material. ad zoograph. Ponticam p. 41—45,
Taf. 8) wurden Evadne Nordmanni Lov. var. *Jaltensis, Podon
Mecznikovii* und *Pleopis Schoedleri* als n. A. aus dem Schwarzen
Meere bekannt gemacht.

    Ostracodea. Claus, Beiträge zur Kenntniss der
Ostracoden. I. Entwickelungsgeschichte von Cypris. Mit
zwei Tafeln. Marburg 1868. 8. (Schrift. d. Gesellsch.
zur Beförd. d. gesammt. Naturwiss. zu Marburg IX. p. 151
—166). Verf. hat seine früheren Beobachtungen über
die Entwickelung von Cypris (1865) an Cypris fasciata
und vidua wieder aufgenommen und jetzt durch Verfol-
gung sämmtlicher Entwickelungsstadien von der aus dem
Ei schlüpfenden Jugendform bis zum Eintritt der Geschlechtsreife die allmähligen an der äusseren Körperform vorgehenden Veränderungen. genauer kennen ge-
lernt, ausserdem auch Einiges über die Ausbildung der
inneren Organe ermitteln können. Wie bereits im letzten
Jahresbericht p. 215 f. angegeben worden ist, sind in der
Entwickelung von Cypris neun aufeinander folgende Sta-
dien nachweisbar, von denen das letzte das der Geschlechtsreife ist, während das erste nach der Anlage
und Zahl der Gliedmaassen gleichsam als Nauplius Stadium angesehen werden kann. Aus dem dritten, zuerst
als Bein auftretenden Gliedmaassenpaar entwickelt sich
im zweiten Stadium die Mandibel mit ihrem Taster. Die
Maxillen des zweiten Paares entstehen nicht, wie Verf.
früher angegeben, während des dritten, sondern erst im
vierten Entwickelungsstadium; während des fünften, in
welchem die Hakenborste des Fussstummels abgeworfen
ist, fungiren sie als Beine und endigen mit einer kräftigen Hakenborste. Letztere, für die Bewegungen und
Lebensfunktionen der jungen Cypriden von wesentlicher

Bedeutung, unterliegt während der Entwickelung einem
vierfachen Wechsel, indem sie zuerst am Mandibularbein
(der dritten Extremität der Nauplius-Form), sodann am
Fussstummel, dann an den hinteren Maxillen (Maxillar-
füssen), zuletzt am vorderen Beinpaare auftritt. Während
dieses als kleiner Stummel schon im zweiten Entwickelungsstadium entsteht, sich aber erst im fünften weiter
entwickelt, um im sechsten als viergliedriges Bein von
bleibender Form aufzutreten, zeigt sich das hintere
Beinpaar in seiner ersten Anlage erst während des
sechsten Entwickelungsstadiums, erhält dann jedoch schon
im nächsten, also gleichzeitig mit dem ersten Paare,
seinen formellen Abschluss. Mit dieser im siebenten Stadium vollendeten Ausbildung sämmtlicher Gliedmaassen
fällt die erste Anlage der Geschlechtsorgane zusammen,
deren weitere Entwickelung nach der männlichen resp.
weiblichen Richtung jedoch erst dem achten Stadium zu-
kommt; während des letzteren lassen die Ovarialschläuche
neben zahlreichen kleinen Keimen schon deutlich ge-
sonderte Eier erkennen und die Ausführungsgänge treten
deutlich hervor. Nur die Ausbildung der Receptacula
seminis und der Geschlechtsöffnungen bleibt dem letzten
Stadium vorbehalten. Bei weitem früher bilden sich
schon die Leberschläuche aus, welche bereits im fünften
Entwickelungsstadium aus dem Magenabschnitt hervor-
wachsen und in die Schalenklappen eintreten. Auch
zeigt sich während dieser Periode in dem oberen und
vorderen Theil der Schale die Anlage eines Organes,
welches Verf. als Schalendrüse in Anspruch nehmen zu
dürfen glaubt.

George Stew. Brady, A monograph of the recent British Ostracoda (Transact: Linnean soc. of London XXVI. 2. 1868. p. 353—495. pl. 23—41). Das unge-
mein reichhaltige, in dieser umfangreichen Abhandlung
bearbeitete Material so wie die Illustration der Gattungen
und Arten durch zahlreiche, vortrefflich ausgeführte Abbildungen lässt dieselbe als eine für die systematische
Kenntniss der marinen und Süsswasser-Ostracoden be-

sonders wichtige Publikation erscheinen, welche zwar
gleich der vorjährigen des Verf.'s in erster Reihe auf
die Form und Skulptur der Mantelschalen eingeht, aber
auch die innerhalb gelegenen Theile, besonders die Glied
maassen und den Copulationsapparat nicht unberücksichtigt
lässt. Betreffs der Systematik hat sich der Verf. der
von G. O. Sars im J. 1865 publicirten, dem Ref.
leider nicht näher bekannt gewordenen Eintheilung in dessen
„Oversigt af Norges marine Ostracoder" angeschlossen
und dieselbe nur mit Rücksicht auf die Süsswasser-For-
men und im Bereich der Gattungen, deren Abgrenzung
mehrfach modificirt wird, weiter ausgeführt. Von den
19 das Werk begleitenden Tafeln enthalten die 13 ersten
Abbildungen der Schalen in verschiedenen Ansichten,
die 6 übrigen dagegen Darstellungen der Gliedmaassen,
des Geschlechtsapparates u. s. w. Die einzelnen Familien
und Gattungen sind in der Arbeit des Verf.'s folgendermaassen repräsentirt:

1. Fam. Cypridae: Cypris Müll. 20 A. (neu: *C. obliqua,
salina* = strigata Baird, *trigonella* und *cinerea*). *Cypridopsis*
(nov. gen., auf C. vidua Müll. und villosa Jur. begründet) 3 A.,
Paracypris Sars 1 A., Notodromas Lilljeb. 1 A., Candona Baird 5 A.,
Pontocypris Sars 4 A. (neu: *P. angusta),* Bairdia M'Coy 4 A. (neu:
B. acanthigera). *Macrocypris* (nov. gen, auf Cyth. minna Baird
begründet) 1 A.

2. Fam. Cytheridae: Cythere Müll. 33 A. (neu: *C. tenera,
rubida, pulchella, cuneiformis* = ventricosa Sars, *globulifera, dubia,
semipunctata, Jeffreysii, laticarina, mirabilis* und *acerosa), Limni-
cythere* (nov. gen., auf Cyth. inopinata Baird und monstrifica Norm.
begründet) 2 A., Cytheridea Bosq. 8 A. (neu: *Cyth. zetlandica)
Eucythere* Brady (neue Benennung für Cytheropsis Sars) 2 A., Ilyo-
bathes Sars 1 A., Loxoconcha Sars 5 A. (neu: *Lox. elliptica),* Xe-
stoleberis Sars 2 A., Cytherura Sars 16 A. (neu: *Cyth. angulata,
lineata, cuneata, Sarsii. producta. Robertsoni* und *cornuta).* Cytheropteron Sars 6 A. (neu: *Cyth. nodosum, punctatum* und *rectum),*
Bythocythere Sars 3 A., Pseudocythere Sars 1 A.. Cytherideis Jones
1 A., Sclerochilus Sars 1 A., Paradoxostoma Fisch. 10 A. (neu: *Par.
Normani, Hibernicum, Sarniense, ensiforme* und *arcuatum).*

3. Fam. Cypridinidae: Philomedes Lillj. 1 A., *Cylindro-
leberis* (nov. gen., für Cypridina Mariae Baird) 2 A., Bradycinetus
Sars 2 A.

4. Fam. Conchoeciadae: Conchoecia Dana 1 A.

5. Fam. Polycopidae: Polycope Sars 2 A. (neu: *Pol. dentata.*)

6. Fam. Cytherellidae: Cytherella Bosq. 2 A.

In einem Appendix · werden ausserdem noch beschrieben *Bairdia fulva* n. A., *Eucythere Anglica* n. A. und Cythere emarginata Sars. In einer angehängten Tabelle wird die geographische Verbreitung der marinen Arten erläutert.

Brady, Contributions to the Entomostraca. No. I. Ostracoda from the arctic and Scandinavian Seas (Annals of nat. hist. 4. ser. II. 1868. p. 30—35. pl. 4 u. 5). No. II. Marine Ostracoda from the Mauritius (ebenda II. p. 178—183. pl. 12 u. 13). No. III. Marine Ostracoda from Tenedos (ebenda II. p. 220—224. pl. 14—15). In der ersten dieser drei Abhandlungen zählt Verf. 33 aus den arktischen Meeren stammende Ostracoden, deren Nomenklatur er zum Theil gegen seine vorjährige Abhandlung in den Transact. zoolog. soc. of London rectificirt, auf und beschreibt darunter (neben Cythere pulchella) folgende vier als n. A.: *Cythere borealis* von 67° 17' nördl. Br., *Robertsoni* aus dem Christiania - Fjord, 30—35 Faden tief, *Cytheropteron pyramidale* ebendaher und *Cytherura rudis* aus der Davisstrasse. — In der zweiten werden 15 Arten von Mauritius aufgezählt und darunter als neu beschrieben: *Pontocypris attenuata, Davisoni, Cythere demissa, plana, fumata, hamigera, bispinosa* und *convoluta, Cytheridea spinulosa* und *Loxoconcha Lilljeborgii;* auch Cytheridea punctillata und Cythere Darwinii werden nochmals erörtert. — Die dritte Abhandlung beginnt mit einer Aufzählung von 19 bei Tenedos aufgefundenen Arten und enthält die Charakteristiken von folgenden neuen: *Pontocypris intermedia, Bairdia formosa, Cythere crispata, favoides, Speyeri, dissimilis, Loxoconcha alata, Cytherura acris, Sclerochilus? Aegaeus* und *Paradoxostoma? reniforme.*

Derselbe, Report on the Ostracoda dredged amongst the Hebrides (Report British associat. 1866 at Nottingham p. 208—211) zählte 60 sich auf 19 Gattungen vertheilende, bei den Hebriden gefischte Ostracoden auf und beschrieb darunter folgende als neu: *Pontocypris acupunctata, Bairdia complanata, Cythere? subflavescens, emaciata, complexa, Cytherura humilis, Bythocythere? flexuosa, Cytherella scotica* uud *laevis.* Für die einzelnen Arten werden die Tiefen ihres Vorkommens angegeben.

Rup. Jones and B. Holl, Notes on the palaeozoic bivalved Entomostraca: No. VIII. Some Lower-Silurian species from the Chair of Kildaire, Ireland. (Annals of nat. hist. 4. sér. II. 1868. p. 54—61). pl. 7). Ausser Primitia M. Coyi werden acht neue Arten von der genannten Lokalität beschrieben: *Primitia Sancti Patricii, Cythere Whrigtiana, Jukesiana, Bailyana* und *Hacknessiana, Bairdia Murchisoniana, Griffithiana* und *Salteriana.* Anhangsweise werden die 14 bis jetzt aus der Caradoa-Formation bekannten Ostracoden aufgezählt.

Copepoda.

Ueber freilebende Copepoden sind während des J. 1867—68 nur folgende wenige Mittheilungen gemacht worden:

Nach Axel Boeck (Ueber Heringsfang. Tidsskr. for Fiskeri I. 1867. p. 154, übersetzt im Archiv f. Naturgesch. XXXIV. 1868. p. 72 ff.) besteht die sogenannte Rothasung (»Rödkam« oder »Rödaat«) des Herings an der Norwegischen Küste aus den das Meer in weiter Ausdehnung rothfärbeuden Copepoden-Gattungen Calanus, Eikocalanus, Centropages und Anomalocera.

Grube (Mittheil. über St. Vaast-la-Hougue und seine Meeresfauna p. 32. Taf. 1. fig. 3) beschrieb mit Abbildung *Antaria latericia* als u. A., 3½ Mill.

Hesse (Annal. d. scienc. nat. 5. sér. Zool. X. p. 362 ff.) *Thaumatoëssa Armoricana* n. A., nach einem seit längerer Zeit aufbewahrten Präparat. (Die vom Verf. citirte Gattung Kroyer's, zu welcher er diese Art bringen will, heisst nicht Thaumatoëssa, sondern Thaumaleus. Ref.)

Czerniavsky (Material. ad zoograph. Ponticam compar. p. 32 ff., Taf. 1—3) machte folgende neue Arten, resp. Varietäten aus dem Schwarzen Meere bekannt: *Cyclopina Clausi, Cleta uncinata, Dactylopus brevifurcus, Thalestris Pontica* und *brevicornis,* Harpacticus Nicaeensis Cl. var. *Pontica, Alteutha typica* und *aberrans, Pontella brunescens, Pontellina mediterranea* var. *Ialtensis.*

Zu den halbparasitischen Formen kommen wieder einige neue Gattungen und Arten, welche von Hesse an der Nordküste Frankreichs theils in Ascidien, theils im Gehäuse eines Pagurus aufgefunden und in den Annal. d. scienc. natur. 5. ser. Zool. T. VII—IX beschrieben und abgebildet worden sind.

Uperogcos (sic! wird aus ὑπέρογχος gebildet) nov. gen. (a. a. O. 5. sér. VII. p. 203 ff. pl. 4. fig. 7), von Ergasilus-artigem Umriss, mit einem weit über den Cephalothorax-Rand hervortretendem, scharf abgesetztem, ein Einzelauge tragendem Stirnfortsatz. Die beiden ersten Abdominalringe seitlich lappenförmig erweitert und daher breiter als der Cephalothorax, die drei folgenden schmaler, aber gleichfalls gelappt. Das Postabdomen linear, vierringlig, mit griffelförmiger Furca. Beide Fühlerpaare fünfgliedrig, mässig lang. — Art: *Up. testudo*, 3 Mill., auf Cystoseira fibrosa. — *Sunaristes* nov. gen. (ebenda VII. p. 205 ff. pl. 4. fig. 11 u. 12). Körper äusserst langstreckig, mit schmal eiförmigem Cephalotorax, vier freien Abdominalringen und sehr verlängertem, fünfgliedrigem Postabdomen; der erste Ring des letzteren fast so lang wie die folgenden zusammengenommen. Das Weibchen mit doppelten, seitlich entspringenden, sehr langen Eiersäcken und sechsgliedrigen, einfachen Vorder- und Hinterfühlern. Beim Männchen beide Fühlerpaare länger, mit geschwollenen, fiederborstigen Gliedern und sehr kräftiger Greifklaue am Ende; das dritte Schwimmbeinpaar mit einfacher, das vierte mit doppelter grosser Klaue am Innenaste. — Art: *Sun. paguri.* 5 Mill. — *Polychliniophilus forficula* n. A. in Polyclinum spec., *Cryptopodus albus* und *crassus* n. A. in zusammengesetzten Ascidien (a. a. O. 5. sér. IX. 1868. p. 57 ff.)

Von eigentlichen Parasiten ist zunächst die von Salensky (Archiv f. Naturgesch. XXXIV. 1. p. 301—321. Taf. 10) nach beiden Geschlechtern ausführlich charakterisirte und in ihrer Entwickelungsgeschichte geschilderte *Sphaeronella* (nov. gen.) *Leuckarti*, in der Bruthöhle, resp. an den Bauchwandungen einer bei Neapel vorkommenden Amphithoë angesogen lebend, zu erwähnen. Das Thier gehört sowohl nach seinen morphologischen Charakteren wie nach seiner Entwickelungsgeschichte zu den merkwürdigsten bis jetzt bekannt gewordenen parasitischen Copepoden. Während es in ersterer Beziehung wohl noch am meisten an Nereicola, Lamippe und Verwandte erinnert, indem bei dem Weibchen auf den deutlich abgesetzten, mit Fühlern, Saugmund und Kieferfüssen versehenen Cephalothorax ein sehr voluminöser, kugliger, völlig ungegliederter hinterer Körperabschnitt folgt, weicht es von allen übrigen Mitgliedern der Ordnung nicht nur durch die Zahl der vom Weibchen producirten Eiersäcke (8 bis 18), sondern auch dadurch ab, dass diese abgelegt werden; sie finden sich nämlich an den Leibeswandungen des Wirthsthieres angeklebt. Ebenso auffallend ist, was Verf. von der Entwickelung des Thieres angiebt. Aus dem Ei geht dasselbe in einer

verhältnissmässig weit vorgeschrittenen Form, dem jugend-
lichen Cyclops-Stadium entsprechend (und dem Nicothoë-
Männchen nicht unähnlich) hervor; sodann heftet es sich,
wie es scheint, mittels eines Stirnfortsatzes an den Körper des Wirthsthieres fest und nimmt dabei die Gestalt
eines eiförmigen Sackes an, innerhalb dessen sich die
spätere parasitische Form ausbildet. Es schiebt sich daher zwischen die frei umherschwimmende Larve und die
endgültige Form hier gleichsam ein Puppenstadium ein.

Claparède machte in seinen »Miscellanées zoologiques«
(Annal. d. scienc. natur. 5. sér. Zool. VIII. 1867. p. 5—36. pl. 3 - 6.
Nr. IV. Sur un Crustacé parasite de la Lobularia digitata delle Chiaje,
p. 23 ff. pl. 5) eine neue Art der Gattung Lamippe Bruz. bekannt,
welche in der Körperhöhle der Alcyonarie Lobularia digitata bei
Neapel angetroffen wird. Verf. beschreibt dieselbe nach beiden, äus-
serlich ganz mit einander übereinstimmenden Geschlechtern und
nennt sie wegen der Fähigkeit, ihrem Körper die verschiedensten
Formen von einem langen, dünnen Schlauch bis zu einer Kugel zu
geben, *Lamippe Proteus*. Die richtige Stellung der Gattung unter
den Siphonostomen ist nicht im geringsten zweifelhaft, wiewohl die
Reduction der Gliedmaassen auf zwei Fühler- und zwei sehr ru-
dimentäre Beinpaare ungewöhnlich erscheint. Zwischen den beim
Weibchen die Ovarien einschliessenden langen Leibesschlauch und
den Furcal-Lamellen sind zwei deutlich geschiedene Körpersegmente,
welche ausgestülpt werden können, nachweisbar. Die Männchen
sind durch die Anwesenheit der Hoden, der in eine Vesicula semi-
nalis endigenden Vasa deferentia und die in letzteren befindlichen
Spermatophoren kenntlich.

Grube (Mittheilungen über St. Vaast-la-Hougue und seine
Meeresfauna p. 33. Taf. 1. fig. 2) beschrieb und bildete ab *Nereidi-
cola bipartita* n. A., an dem Ruder einer Nereis cultrifera an der
Französischen Küste gefunden.

Czerniavsky (Material. ad zoograph. Ponticam p. 40. Taf. 8
Caligus hyalinus als n A aus dem Schwarzen Meere.

R. Bergh, On Phidiana lynceus and Ismaila monstrosa (Vidensk. Meddelelser fra den naturhist. Forening i Kjöbenhavn f. 1866.
p. 97—130. tab. 4 B, Annals of nat. hist. 4. ser. II. 1868. p. 133—137.
pl. 1) fand parasitisch auf einem Nacktkiemer (Phidiana) ein merk-
würdig gestaltetes Copepoden-Weibchen, welches einigermaassen an
Splanchnotrophus Hanc. erinnert, aber durch den stark entwickelten Cephalothorax, das gegliederte Abdomen, den Mangel wirkli-
cher Gliedmaassen u. s. w. abweicht. Er begründet auf diese mon-

strösse Form eine neue Gattung *Ismaila* mit folgenden Charakteren: »Cephalothorax distinctus, duo antennarum paria: antennae priores minutae. posteriores paullo majores, prensoriae. Abdomen supra in tria segmenta divisum, ultimum in appendicem erectam productum: segmenta omnia utroque latere in brachium elongata: duo priora segmenta inferiore pagina, pedum abdominalium loco, duobus paribus brachiorum inter sese similium praedita. Cauda elongata, apice solum articulata, ultimo segmento appendicibus caudalibus brevissimis setigeris. — Art: *Ism. monstrosa*, soll den Mund mit einem Paar sehr kräftiger Mandibeln bewehrt haben.

Zu den interessantesten und wichtigsten Entdeckungen im Bereich der parasitischen Copepoden gehört die im J. 1868 durch die Nachforschungen A. Metzger's und C. Claus' ihrem ganzen Verlauf nach dargelegte Entwickelungsgeschichte der Lernaeen, deren Männchen bisher völlig unbekannt geblieben war. Das hierauf bezügliche Material ist in folgenden Schriften niedergelegt: 1) A. Metzger, Ueber das Männchen und Weibchen der Gattung Lernaea vor dem Eintritt der sogenannten rückschreitenden Metamorphose (Nachr. v. d. Gesellsch. der Wissensch. an der Universität zu Göttingen Nr. 2. 15. Januar 1868. p. 31—36 und Archiv f. Naturgesch. XXXIV, 1. p. 106—110). 2) C. Claus, Ueber die Metamorphose und systematische Stellung der Lernaeen (Sitzungsber. d. Gesellsch. zur Beförd. d. gesammt. Naturwiss. zu Marburg 1868, Nr. 2. März, p. 5—13.) 3) C. Claus, Beobachtungen über Lernaeocera, Peniculus und Lernaea. Ein Beitrag zur Naturgeschichte der Lernaeen, Marburg, 1868. (4. 32 pag. mit 4 Taf. — Separat-Abdruck aus den Schriften d. Gesellsch. z. Beförd. d. gesammt. Naturwiss. zu Marburg, 2. Supplement-Heft). In letzterer, den Gegenstand am ausführlichsten behandelnden Schrift sind neben der Entwickelung der Lernaea branchialis noch andere verwandte Formen berücksichtigt. — Das Auffinden copulirter Lernaea-Pärchen an den Kiemen der Schollen, welches Metzger zu verdanken ist, hat gegen alle Erwartung dargelegt, dass den Lernaeen keine Pygmäen-Männchen nach Art der Chondracanthinen und Lernaeopoden zukommen, sondern dass diese Caligus- oder Diche-

lesthinen-artig gestaltet sind, so wie ferner, dass nicht
das bereits retrograd metamorphosirte Weibchen von dem
Männchen begattet wird, sondern dass die Copulation
während eines sehr frühen, gleichfalls noch Dichelesthi-
nen-förmigen Stadiums des Weibchens vor sich geht.
Beide Geschlechter gleichen sich während der Begat-
tungszeit in allen wesentlichen Merkmalen vollkommen
und zeigen nur solche Unterschiede, wie sie (z. B. in
Betreff einer grösseren Entwickelung des Postabdomen
beim Weibchen) den Caligiden sehr allgemein eigen
sind; auch die Grössendifferenz bewegt sich nur zwischen
1,8 (Männchen) und 2,8 bis 3 Mill. (Weibchen). Ausser
mit zwei Fühlerpaaren, deren hinteres die Form kräftiger
Klauenhaken hat, sind Weibchen sowohl wie Männchen
mit vier Paaren ausgebildeter Schwimmbeine ausgestattet.
Das bei der Begattung dem Rücken des Weibchos auf-
sitzende Männchen stirbt nach vollzogener Copula offenbar ab, während ersteres, zu jener Zeit noch im Stande,
sich durch Schwimmen fortzubewegen, sich ein neues
Wirthsthier behufs der Produktion von Nachkommen-
schaft aufsucht. An dieses angeheftet, scheint es die re-
trograde, mit der bekannten Deformation des Körpers
verbundene Metamorphose sehr schnell einzugehen, da
einige von Metzger neben grösseren Individuen ange-
troffene jugendliche Weibchen von nur 3 Mill. Länge
schon die eigenthümlichen Kopfhörner und den S-förmig
gedrehten Hinterleib besassen, im Uebrigen aber noch
die Merkmale der in der Begattung befindlichen Form
erkennen liessen. Letztere verschwinden allmählich mehr
bei der Längen- und Dickenzunahme des Leibes, dessen
Gliederung (im Bereich der hinter dem Cephalothorax
liegenden Segmente) verloren geht, während die Gliedmaassen allerdings persistiren, ohne jedoch an Grösse zu-
zunehmen. Den höchsten Grad der Deformation bringt
dann die in die letzte Lebensperiode fallende Entwickelung der Geschlechtsorgane zu Wege, durch welche die
Körpermasse etwa bis auf das Tausendfache vermehrt
wird. — Nach der anderen Seite hin hat die Entwicke-

lungsgeschichte von Lernaea durch Claus (in seiner
letztgenannten grösseren Abhandlung) durch den Nachweis der dem begattungsfähigen Stadium vorausgehen-
den Jugendformen eine Vervollständigung erfahren. Die
sich aus der Nauplius-Form entwickelnde freischwimmende
Cyclops-artige Larve ist mit zwei Schwimmfusspaaren
und freien Haftantennen versehen. Zwischen ihrer Fest-
heftung und dem Eintritt der Geschlechtsreife macht
dieselbe noch vier Entwickelungsstadien durch, welche
unter allmählicher Ausbildung weiterer Segmente und
Gliedmaassen mit einem die Haftantennen nach vorn
überragenden Stirnzapfen, resp. Stirnband versehen sind.

Auch die Kenntniss der verwandten Gattungen Lernaeocera, Peniculus und Pennella ist in morphologischer
Beziehung durch fortgesetzte Untersuchungen von Claus
wesentlich gefördert worden. Nachdem derselbe zuerst
an Lernaeocera (Sitzungsber. der Naturf. Gesellsch. zu
Marburg 1867. p. 5) ein mit lichtbrechenden Kugeln ver-
sehenes Auge aufgefunden hatte, gelang es ihm (ebenda
p. 90 ff.) für Peniculus wenigstens einen oberhalb des
Saugrüssels liegenden dreitheiligen Augenfleck, für Pennella dagegen drei grosse, für Lernaea branchialis zwei
kleine lichtbrechende Kugeln, welche einer schwarzen
Pigmentanhäufung einsassen, nachzuweisen. Letztere drei
Gattungen besitzen nach seinen Untersuchungen auch
die für Lernaeocera bereits von Brühl festgestellten
Furcalglieder. Ausführlichere Mittheilungen über die
Körperbildung von Lernaeocera esocina (= L. cyprina-
cea Nordm. nec Lin., = L. gasterostei Brühl) und von
Peniculus fistula hat Verf. in seiner obengenannten, die
Entwickelung von Lernaea behandelnden Schrift gemacht.
Erstere Art wird hier in verschiedenen Altersstufen des
Weibchens, unter welchen besonders die jüngeren, mit
noch geradem, linearem Abdomen versehenen hervorge-
hoben zu werden verdienen, dargestellt und erörtert, be-
sonders in Bezug auf die noch wenig genau erkannten
Fühler, Mundtheile und Schwimmbeine, deren erstes noch
im Bereich der zwei grossen hinteren Kopflappen gelegene

Paar von Brühl übersehen worden ist. Auch über die
Hautstruktur, den Darmkanal, die Geschlechtsorgane und
die umfangreiche, zwischen Körperhaut und Eingeweiden
befindliche fetthaltige Bindegewebsmasse macht Verf. ergänzende und berichtigende Angaben. In Bezug auf
Peniculus ist hervorzuheben, dass die bei v. Nordmann
erwähnte gespaltene Verlängerung des Kopfstückes in
Wirklichkeit auf den Klammerfühlern beruht.

Cirripedia.

Eine Abhandlung Fr. Müller's „Ueber Balanus
armatus und einen Bastard dieser Art und des Balanus
improvisus var. assimilis Darw." (Arch. f. Naturgesch.
XXXIII. 1. 1867. p. 329—356. Taf. 7—9) — ins Englische
übersetzt: „On Balanus armatus and a hybrid between
this species and Balanus improvisus var. assimilis Darw."
(Annals of nat. hist. 4. ser. I. 1868. p. 393—412. pl. 20)
enthält eine Reihe für die Kenntniss der Balaniden wichtige Beobachtungen. An lebenden Exemplaren von Te-
traclita porosa stellte Verf. Versuche über die Wirkung
der einzelnen Mantel- (Kalkgerüst-) Muskeln an. Das
Oeffnen des Deckels kann nicht (nach Darwin) durch
die Musculi depressores laterales, sondern nur durch An-
drängen des Thieres gegen die Deckelspalte bewirkt
werden. Bei dem kräftigen Niederhalten des Deckels
agiren allein die Musculi depressores tergi, nicht zugleich
die verschiedenen Depressores scuti. Durch letztere, die
laterales sowohl wie die rostrales, wird die Basis der
Scuta niedergezogen, der Kielrand der Terga gehoben,
so dass der Schlussrand eine mehr oder weniger steile
Lage annimmt. Ein Heben und Senken des Deckels
findet überhaupt nur in ziemlich beschränktem Maasse
statt. — In verschiedenen Schwämmen der Brasilianischen
Küste (Papillina, Reniera und einer auf Carijoa rupicola
vorkommenden dottergelben Art) fand Verf. einen Balanus eingebettet, welcher in ähnlicher Weise wie bei
einigen Acasta-Arten (nach Darwin) eines der Ranken-

fusspaare mit Dornen bewehrt zeigt. Bei diesem als *Balanus armatus*, n. sp. beschriebenen ist nicht das vierte, sondern das dritte Rankenpaar an seinen beiden Aesten mit einer viel grösseren Zahl von Dornen (Zähnen) als bei Acasta besetzt. Sonst ist diese Art dem Balanus trigonus so ähnlich, dass man sie für eine Varietät desselben ansehen könnte. Auf die Erfahrung, dass nur die in Schwämmen eingebetteten Balaniden gezähnte Ranken besitzen, basirt nun Verf. den Schluss, dass diese Bewehrung durch den Wohnsitz bedingt sei und dazu diene, die Oeffnung des Schalengerüstes durch Zerreissen der überwuchernden Schwammmasse von dieser frei zu halten. — Auf experimentellem Wege weist Verf. ferner nach, dass die Empfänglichkeit der Balanen gegen Lichteindrücke von der Anwesenheit der Augen (bei Bal. armatus scheinen solche überhaupt zu fehlen) unabhängig sei. Ein aus seinem Gehäuse losgelöster und der Augen beraubter Balan. tintinnabulum rollte jedesmal seine Ranken zusammen, wenn er beschattet wurde. — Dass die Selbstbefruchtung der Balanen die Regel sei, zieht Verf. nach zwiefacher Beobachtung in Zweifel. Erstens sah er, dass mehrere dicht bei einander sitzende Balan. armatus ihre weit hervorgestreckte Ruthe der Deckelöffnung ihrer Nachbarn näherten und fand bei der Untersuchung, dass einerseits ihre eigenen Eier bereits befruchtet und in der Furchung begriffen waren, anderseits ihr Ruthenkanal von Spermatozoën strotzte. Zweitens fand er unter zahlreichen Balan. improvisus var. assimilis einige Exemplare, welche die Charaktere dieser Art mit denjenigen des Balan. armatus in sich vereinigten, vermuthlich also Bastarde beider Arten darstellten.

Hesse (Annal. d. scienc. natur. 5. sér. Zool. VII. 1867. p. 124 u. 134 ff., pl. 2 u. 3) bildete die Embryonen und die ersten Larvenformen von Balanus sulcatus und Anatifa laevis in wenig naturgetreuer Weise ab und gab von denselben eine oberflächliche Beschreibung. Als weitere Entwickelungsstadien dieser Larven nimmt er die mit ihnen zusammen gefundenen Jugendformen zweier Bopyrinen in Anspruch.

Derselbe (ebenda 5. sér. Zool. VIII. p. 378—380 und: »De-

scription of two Sacculinidae,« Annals of nat. hist. 4. ser. II. 1868.
p. 234 f.) beschrieb *Sacculinidia* (sic!) *Gibbsii* (am Hinterleib von
Pisa Gibbsii) und *Sacculinida* (sic!) *Herbstia nodosa* (! !) am Hinterleib von Herbstia nodosa, beide an der Französischen Nordsee-
Küste aufgefunden. — Ebenda 5. sér. Zool. IX. p. 53 f. werden Pel-
togaster paguri und *albidus* n. A., letztere nur durch weissliche Färbung von ersterer unterschieden, charakterisirt. Von der zweiten
Art fanden sich auf drei Individuen des Pagurus pubescens im
Ganzen 31 Exemplare angeheftet.